院士解锁中国科技

材料与
制造卷

潘复生 主笔

天生我材
必有用

主编单位：中国编辑学会　中国科普作家协会

U0332480

中国少年儿童新闻出版总社
中国少年儿童出版社
北　京

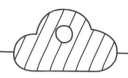

图书在版编目（CIP）数据

天生我材必有用 / 潘复生主笔. -- 北京 : 中国少
年儿童出版社，2023.7
　（院士解锁中国科技）
　ISBN 978-7-5148-8044-1

　Ⅰ．①天… Ⅱ．①潘… Ⅲ．①材料科学－少儿读物
Ⅳ．①TB3-49

中国国家版本馆CIP数据核字(2023)第075158号

TIANSHENG WO CAI BI YOUYONG
（院士解锁中国科技）

出版发行：中国少年儿童新闻出版总社
　　　　　 中国少年儿童出版社

出 版 人：孙 柱
执行出版人：张晓楠

责任编辑：王 燕　杨 靓　王志宏　　　　封面设计：许文会
助理编辑：曹 媛　　　　　　　　　　　　版式设计：施元春
美术编辑：张 颖　冯衍妍　　　　　　　　形象设计：冯衍妍
责任校对：杨 雪　　　　　　　　　　　　责任印务：李 洋
插　　图：张晓君　郭驿青　崔占成　任 嘉
　　　　　 王华文　王炫予　李维娜

社　　址：北京市朝阳区建国门外大街丙12号　邮政编码：100022
编 辑 部：010-57526809　　　　总 编 室：010-57526070
客 服 部：010-57526258　　　　官方网址：www.ccppg.cn

印刷：北京利丰雅高长城印刷有限公司

开本：720mm×1000mm 1/16　　　　　　　　印张：9.5
版次：2023年7月第1版　　　　印次：2023年7月北京第1次印刷
字数：200千字　　　　　　　　　　　　　印数：1—5000册

ISBN 978-7-5148-8044-1　　　　　　　　　定价：67.00元

图书出版质量投诉电话：010-57526069，电子邮箱：cbzlts@ccppg.com.cn

"院士解锁中国科技"丛书编委会

总顾问

邬书林　杜祥琬

主　编

周忠和　郝振省

副主编

孙　柱　胡国臣

委　员

（按姓氏笔画排列）

王　浩	王会军	毛景文	尹传红
邓文中	匡廷云	朱永官	向锦武
刘加平	刘吉臻	孙凝晖	张彦仲
张晓楠	陈　玲	陈受宜	金　涌
金之钧	房建成	栾恩杰	高　福
韩雅芳	傅廷栋	潘复生	

本书创作团队

主　笔
潘复生

创作团队
（按姓氏笔画排列）

丁　波　于　瀛　上官方钦　王华平　王秀梅　乌　婧

尹　健　刘　爽　刘祖铭　汤慧萍　李　桐　杨吉可

吴鸣鸣　邹德春　宋江凤　武　英　范　兴　林心怡

侯绍聪　徐　坚　郭卉君　唐　清　梅永丰　崔立山

梁芬芬　蒋　斌　韩雅芳　雍歧龙　魏丽乔

"院士解锁中国科技"丛书编辑团队

项目组组长
缪　惟　郑立新

专项组组长
胡纯琦　顾海宏

文稿审读
何强伟　陈　博　李　橦　李晓平　王仁芳　王志宏

美术监理
许文会　高　煜　徐经纬　施元春

丛书编辑
（按姓氏笔画排列）

于歆洋　万　顿　马　欣　王　燕　王仁芳　王志宏　王富宾　尹　丽　叶　丹　包萧红
冯衍妍　朱　曦　朱国兴　朱莉荟　任　伟　邹彩文　刘　浩　许文会　孙　彦　孙美玲
李　伟　李　华　李　萌　李　源　李　橦　李心泊　李晓平　李海艳　李慧远　杨　靓
余　晋　张　颖　张颖芳　陈亚南　金银銮　柯　超　施元春　祝　薇　秦　静　顾海宏
徐经纬　徐懿如　殷　亮　高　煜　曹　靓　韩春艳

前　言

"院士解锁中国科技"丛书是一套由院士牵头创作的少儿科普图书，每卷均由一位或几位中国科学院、中国工程院的院士主笔，每位都是各自领域的佼佼者、领军人物。这么多院士济济一堂，亲力亲为，为少年儿童科普作品担纲写作，确为中国科普界、出版界罕见的盛举！

参与这套丛书领衔主笔的诸位院士表达了让人不能不感动的一个心愿：要通过这套科普图书，把科技强国的种子，播撒到广大少年儿童的心田，希望他们成长为伟大祖国相关科学领域的、继往开来的、一代又一代的科学家与工程技术专家。

主持编写这套丛书的中国少年儿童新闻出版总社是很有眼光、很有魄力的。在这些年我国少儿科普主题图书出版已经很有成绩、很有积累的基础上，他们策划设计了这套集约化、规模化地介绍推广我国顶级高端、原创性、引领性科技成果的大型科普丛书，践行了习近平总书记关于"科技创新、科学普及是实现创新发展的两翼，要把科学普及放在与科技创新同等重要的位置"的重要思想，贯彻了党的二十大关于"教育强国、科技强国、人才强国"的战略要求，将全民阅读与科学普及相结合，用心良苦，投入显著，其作用和价值都让人充满信心。

这套丛书不仅内容高端、前瞻，而且在图文编排上注意了从问题入手和兴趣导向，以生动的语言讲述了相关领域的科普知识，充分照顾到了少年儿童的阅读心理特征，向少年儿童呈现我国科技事业的辉煌和亮点，弘扬科学家精神，阐释科技对于国家未来发展的贡献和意义，有力地服务于少年儿童的科学启蒙，激励他们树立逐梦科技、从我做起的雄心壮志。

院士团队与编辑团队高质量合作也是这套高新科技内容少儿科普图书的亮点之一。中国少年儿童新闻出版总社集全社之力，组织了 6 个出版中心的 50 多位文、美编辑参与了这套丛书的编辑工作。编辑团队对文稿设计的匠心独运，对内容编排的逻辑追溯，对文稿加工的科学规范，对图文融合的艺术灵感，每每都能让人拍案叫绝，产生一种"意料之外、情理之中"的获得感。

丛书在编写创作的过程中，专门向一些中小学校的同学收集了调查问卷，得到了很多热心人士的大力帮助，在此，也向他们表示衷心的感谢！

相信并祝福这套大型系列科普图书，成为我国少儿主题出版图书进入新时代的一个重要的标本，成为院士亲力亲为培养小小科学家、小小工程师的一套呕心沥血的示范作品，成为服务我国广大少年儿童放飞科学梦想、创造民族辉煌的一部传世精品。

郝振省

中国编辑学会会长

前　言

　　科技关乎国运，科普关乎未来。

　　一个国家只有拥有强大的自主创新能力，才能在激烈的国际竞争中把握先机、赢得主动。当今中国比过去任何时候都需要强大的科技创新力量，这离不开科学家创新精神的支撑。加强科普作品创作，持续提升科普作品原创能力，聚焦"四个面向"创作优秀科普作品，是每个科技工作者的责任。

　　科普读物涵盖科学知识、科学方法、科学精神三个方面。"院士解锁中国科技"丛书是一套由众多院士团队专为少年儿童打造的科普读物，站位更高，以为中国科学事业培养未来的"接班人"为出发点，不仅让孩子们了解中国科技发展的重要成果，对科学产生直观的印象，感知"科技兴则民族兴，科技强则国家强"，而且帮助孩子们从中汲取营养，激发创造力与想象力，唤起科学梦想，掌握科学原理，建构科学逻辑，从小立志，赋能成长。

　　这套丛书的创作宗旨紧跟国家科技创新的步伐，遵循"知识性、故事性、趣味性、前沿性"，依托权威专业、阵容强大的院士团队，尊重科学精神，内容细化精确，聚焦中国科学家精神和中国重大科技成就。在创作中，院士团队遵循儿童本位原则，既确保了科学知识内容准确，又充分考虑了少年儿童的理解能力、认知水平和审美需求，深度挖掘科普资源，做到通俗易懂。丛书通过一个个生动的故事，充分体现出中国科学家追求真理、解放思想、勤于思辨的求实精神，是中国科学家将爱国精神与科学精神融为一体的生动写照。

　　为确保丛书适合少年儿童阅读，院士团队与编辑团队通力合作。在创作过程中，每篇文章都以问题形式导入，用孩子们能够理解的语言进行表达，让晦涩的知识点深入浅出，生动凸显系列重大科技成果背后的中国科学家故事与科学家精神。同时，这套丛书图文并茂，美术作品与文本相辅相成，充分发挥美术作品对科普知识的诠释作用，突出体现美术设计的科学性、童趣性、艺术性。

　　面对百年未有之大变局，我们要交出一份无愧于新时代的答卷。科学家可以通过科普图书与少年儿童进行交流，实现大手拉小手，培养少年儿童学科学、爱科学的兴趣，弘扬自立自强、不断探索的科学精神，传承攻坚克难的责任担当。少儿科普图书的创作应该潜心打造少年儿童爱看易懂的科普内容，着力少年儿童的科学启蒙，推动其科学素养全面提升，成就国家未来创新科技发展的高峰。

　　衷心期待这套丛书能够获得广大少年儿童朋友的喜爱。

中国科学院院士
中国科普作家协会理事长

写在前面的话

材料是人类发展的基石，是人类赖以生存和发展的物质基础。

社会的发展、人类的进步，都要以材料作为基本支撑。历史学家常常根据材料的发展，将人类历史进程划分为"石器时代""青铜时代""铁器时代"等，这体现了材料在人类发展过程中的极端重要性。

20世纪70年代以来，随着人类发展对材料需求量的大幅度增加，材料与国民经济、国防建设和人民生活的相关性更加密切。人们把信息、材料和能源誉为人类文明的三大支柱，并把新材料、信息技术和生物技术并列为新技术革命的重要标志。新材料发展进入新的时代，除了常见的钢铁、铝合金以外，新型金属材料、催化材料、复合材料等层出不穷，材料家庭"新成员"快速增加，极大推动了人类科技进步，支撑了汽车、轨道交通、电子信息、航空航天等关键行业发展，促进了国民经济快速健康发展和人民生活水平提升。

我国是材料研发和生产大国，新材料的发展对我国科技自立自强、国民经济健康发展、国防安全等起到关键性的支撑作用。

这本《天生我材必有用》是"院士解锁中国科技"丛书的"材料与制造卷"，书里的内容从汽车尾气的净化讲到牙齿的3D打印，从月球上"升起"的第一面五星红旗讲到北斗卫星的"翅膀",从金属的"记忆"讲到壁虎的再生"超能力",从轻量化镁合金讲到可以发电的纤维……这些丰富、有趣的内容包含了 17 个主题方向,这些主题方向都是作者团队根据小读者的兴趣和材料科技前沿发展动态而悉心挑选的,不仅讲述了很多和材料科技发展与应用紧密相关的科学知识,还介绍了我国材料科技的新发展、新成果、新应用。此外,小读者还能在书中读到很多科学家的故事,进而走近这些科学家,感受他们值得称颂的科学家精神和爱国情怀。

  本书 17 个主题方向的创作分工具体为:碳 / 碳复合材料,尹健、刘祖铭、韩雅芳;镁合金,蒋斌、宋江凤;金属材料涂层,杨吉可;金属材料制造,丁波、雍岐龙、上官方钦;形状记忆合金,崔立山;贵金属催化剂与储氧材料,刘爽;3D 打印,汤慧萍、郭卉君;光伏材料,邹德春、范兴、侯绍聪;储氢材料,武英、李桐;光催化材料,梁芬芬;再生医学材料,王秀梅;石墨烯,吴鸣鸣;纳米机器人,林心怡、于瀛、梅永丰;光纤,唐清;塑料,魏丽乔;纺织材料及制造,乌婧、王华平;碳纤维,徐坚。

  当今社会,材料科技发展给大家的生活和生产带来了极大便利,经济社会发展也对材料科技提出了越来越高的要求。各种新材料多姿多彩,相信你看完这本书,一定会了解更多的材料及其在人类发展中的巨大作用,也将会更加热爱科学,长大以后为我们国家材料与制造的发展进步贡献自己的力量!

中国工程院院士
中国材料研究学会副理事长

目录

逗逗变变变!

快跟着逗齿，一起去材料与制造的世界看看吧！

什么神奇材料能让飞机更安全着陆?

爸爸又坐飞机出差了！

和之前一样，每次飞机起飞后，程程都会陪着妈妈等。

等什么？

等爸爸打电话回来，等电话里的一句话："安全着陆，放心吧！"

飞机是一种非常复杂的交通工具，它不仅个头大、重量大，而且飞得很快。想要让它安全着陆，需要飞机里很多零部件"密切合作"，其中非常关键的一个零部件就是刹车片。

飞机着陆，要在长度有限的跑道上把速度降到零。这时，刹车片承受着巨大的摩擦力和因摩擦产生的大约为1000摄氏度的高温，要是碰上雨雪、沙尘等天气，它面临的"考验"就更大了。

刹车片这么重要，采用什么材料才最合适呢？

目前，碳/碳复合材料是当之无愧的最佳选择！

组装起来

你可能觉得这个名字有些奇怪，为什么会有两个"碳"字呢？是不是写错了？

没有错。第一个"碳"指的是碳纤维，第二个"碳"指的是碳基体。它们组合成一个"团队"，不仅发挥着各自的优势，还能产生 1+1>2 的神奇效果。

小贴士

碳纤维只有头发丝的十分之一粗，它独特的原子排列方式让它有很强的抗拉能力，是钢丝抗拉能力的 10 倍。而且，碳纤维的耐高温能力也十分骄人。碳纤维在碳／碳复合材料中构成骨架，是增强体。至于填充在碳纤维骨架间的碳，则被称为碳基体。它可以通过不同的方法来得到。其中一个方法就是，把气态的碳氢化合物加热，释放出氢气，沉积下来的纯碳就是碳基体。

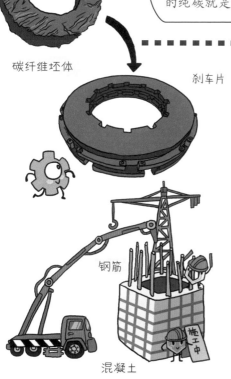

碳纤维

碳纤维坯体

刹车片

我是碳纤维，负责构成骨架。我是碳原子构成的。

我是碳基体，负责填充骨架间隙。我也是碳原子构成的哟！

钢筋

混凝土

如果把碳／碳复合材料比作钢筋混凝土，那么碳纤维可以看作钢筋，而碳基体则是黏结、保护碳纤维的混凝土。

碳/碳复合材料不仅"身体"轻盈，耐高温，还有耐磨、强度高、"寿命"长的独特本领，跟同样重量的其他材料比，它的承重能力也更优异。因此，人们常把它用在航空航天等领域。我们的国产大飞机C919上的刹车片就是用它做的。

不仅仅是飞机刹车片，载人飞船、火箭、导弹等飞行器，特别是未来的高速飞行器，更离不开碳/碳复合材料。

飞行器在大气层中飞行，会与大气产生摩擦，导致飞行器表面温度升高。如果以非常快的速度在大气层中飞行，它的外表面与大气的摩擦会更加剧烈，从而产生超过2000摄氏度的高温。在这样的温度下，普通的材料很快就会熔化，甚至气化，导致飞行器解体。

碳/碳复合材料是目前解决这个问题不可或缺的选择。因为它在超高温下，不仅不会熔化，而且还能继续保持它特有的优异"本领"。告诉你，咱们的神舟系列载人飞船就用了它！

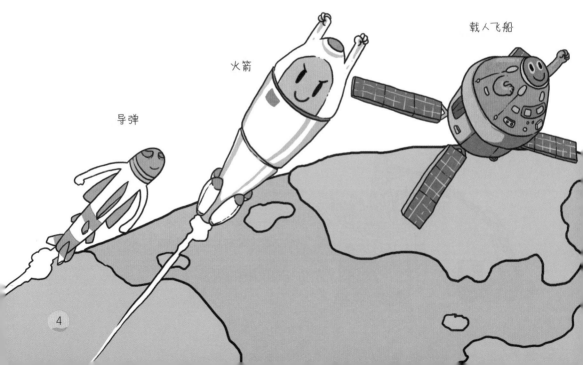

载人飞船

火箭

导弹

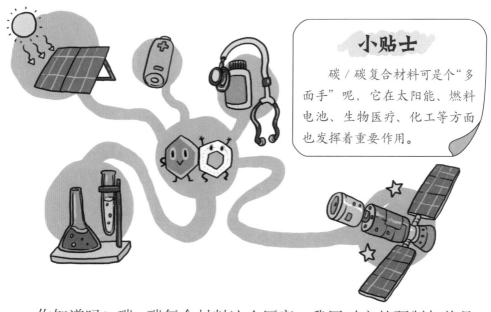

小贴士

碳/碳复合材料可是个"多面手"呢，它在太阳能、燃料电池、生物医疗、化工等方面也发挥着重要作用。

你知道吗？碳/碳复合材料这么厉害，我国对它的研制却曾是一片空白。

20世纪80年代，我国还只能从国外进口飞机。飞机上的刹车片容易磨损，需要定期更换。然而，那时候我们没有碳/碳复合材料制备技术，更无法生产这种刹车片，不得不花大价钱从国外购买。

因为碳/碳复合材料具有独特的优异本领，各种火箭、导弹等都离不开它，因此，外国限制它的出口。结果就是不仅我国刹车片买得了这次保不了下次，随时面临"断供"，而且材料的制备技术，更是被严格封锁。那时的中国，在这个领域处处受制于人。

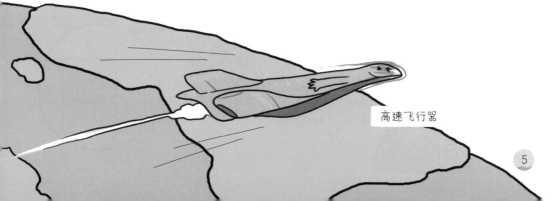

高速飞行器

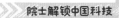
这种状况，揪着科学家黄伯云先生的心，他下定决心要做出有中国特色的碳／碳刹车材料。于是，他带领团队开启了数十年的研究。

起初，没有任何资料可以参考，只能摸着石头过河，不断尝试。每实验一次的周期就长达数月。在这期间，他们每隔几十天就打开炉门，取出样品，检测各种指标，加工后又放进炉子，焦急地等待结果。

夏天，他们所在的湖南长沙经常是将近 40 摄氏度的高温，是一个名副其实的"火炉城市"。他们实验用的炉子，内部温度要超过 1000 摄氏度，实验室内的温度也常常高达 50 摄氏度，甚至更高。黄伯云带着团队冒着酷热坚持研究，实在热得受不了了，就到外面"凉快"一下。

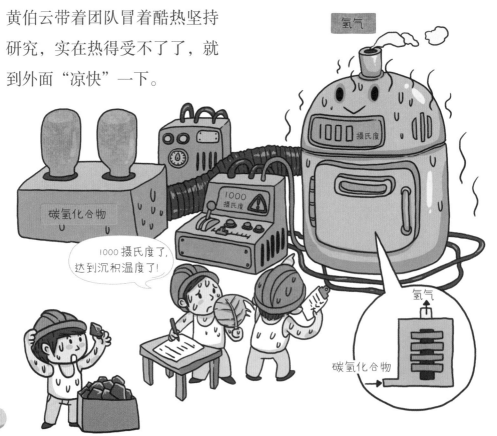

然而，开始的几年，他们收获的是一堆连他们自己都看不懂的黑色碳块，只能一次又一次地进行实验……

正在实验的紧要关头，黄伯云病了，需要做手术。刚刚做完手术的他，顾不上休息，马上赶回实验室。

就是这样的拼搏，2000年9月，他们做出了自认为不错的样品。于是，满怀期待地进行模拟刹车试验，结果却失败了！整整12年，所有能想到的招数都用完了，大家无比沮丧。

黄伯云说，那是一段"最黑暗、最痛苦的日子"。但他不能放弃，必须整理好心情，带领团队重新投入艰难的研究工作。

他对大家说："科学研究不可能没有失败，失败并不可怕，关键是不能轻言放弃，要找到病症，对症下药。这个项目我们一定要做好，就是拼着命，也要干成！"

防护罩

在大家的努力下，一种效能好、成本低的高性能航空制动材料——碳／碳复合材料终于在他们的手中诞生了，这道卡脖子的"枷锁"终于被打开了！

这块世界材料领域的"硬骨头"，在历经了 20 年的无数次实验后，终于被黄伯云团队印上了"中国"两个字。他也因此入选"感动中国·2005 年度人物"！

今天，黄伯云团队还在寻求新的突破，他们研制出更加神奇的升级版碳／碳复合材料，使用温度超过 3000 摄氏度。

生命不息，科研不止！神秘的碳／碳世界，期待着你去探索；更多神奇的材料，等待着你的创造和发明。

从现在起，加油吧！

为什么自行车
也爱"镁"？

繁忙的大街旁，立着一幅巨大的海报。在海报上，一位身材娇小的女士轻松地用一只手拎着一辆自行车。

你也许在想：她真是个大力士啊！

其实，奥秘就藏在这辆自行车上，因为这是辆爱"镁"的自行车！

什么，自行车也爱"镁"？

原来，这车主要是用镁合金做的！

镁
镁合金

为什么用镁合金做的自行车就那么轻？

因为镁的密度只有1.74克每立方厘米，大约是铝的三分之二，是钢的四分之一。目前，镁是我们日常应用中最轻的金属材料。

镁
铝
钢

正因为镁的密度很小，所以如果我们用镁及镁合金来做自行车、摩托车、汽车、火车上的零部件，可以大大地给车减重，让它们变得更轻、跑得更快。而且，具有优良减震特性的镁合金还能让我们乘坐时感觉更舒服。更重要的是，采用镁合金这样的轻质金属还能减少汽车和摩托车"吐出"的二氧化碳，更好地保护我们的地球环境。

我们也可以用镁合金来制造飞机、火箭和卫星的零部件，使它们消耗更少的燃料。

镁不光密度小，还能很好地散热，减轻震动，甚至能屏蔽电磁辐射，而且镁合金是极有潜力的新一代电池材料和储氢材料。对储氢领域而言，镁合金是运输和储存氢气的一把好手！

镁合金可以像变戏法一样，把气态的氢气"吸"进自己的"身体"里，等需要用的时候再把氢气"呼"出来。用镁合金来"吸"与"呼"不仅比用高压氢气瓶安全，而且"吸"进和"呼"出的量也更大。这样，小到手机充电、路灯照明、汽车充氢，大到发射卫星，人们都可以轻松、安全地使用氢气了。

吸 —

呼 —

我们来帮助你成长！

小贴士

镁是植物生长的必需元素。近年来，许多欧洲学者把镁列为仅次于氮、磷、钾的植物第四大必需元素。此外，镁合金材料因其优异的生物相容性，还被制成可降解的心血管支架，以帮助人类保持血管畅通。

不仅如此，我们的身体也离不开镁元素。如果缺少镁，钙也就很难"进入"我们的身体，或者在身体里"罢工"，不肯好好工作，时间久了，我们可能就容易感到胳膊麻腿疼了。要是不小心骨折了，镁合金能帮我们稳稳地固定骨折部位，还能加速其愈合，甚至防止再次发生骨折呢。

镁的优点真是太多了。你可能就要问了，难道就没有一点儿缺点吗？

当然有！那就是镁的塑性变形能力相对铁和铝要差一些。这个问题不解决，想把镁和其他金属混合在一起制成镁合金，做成各种日常用品，就不那么容易了。

小贴士

金属的塑性变形能力就是在外力作用下，金属内部原子的可移动能力。供原子移动的有效通道及其数量影响着这种能力。

不要挤我！

你上下学的时候一定遇到过交通高峰期吧？那时候大量的车都挤在仅有的几条车道上，很容易发生交通拥堵。这时候如果我们让一些车"飞"起来或"借"用旁边的新车道，错开空间运行，就会立刻缓解地面拥堵的问题。

用传统的方式加工镁合金，就好像在拥堵的车道上跑车一样，无论如何也"跑"不起来，想要穿行如梭就更别想了。

谁能疏解这拥堵的"车道"，发现快速通行的奥秘，谁就掌握了开启新赛道的钥匙！重庆大学的潘复生院士在这方面取得了令人瞩目的成果。

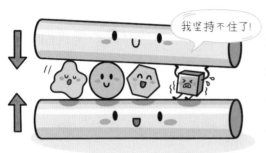

以往很多金属合金在加工时采用的基本都是对称加工的办法。这个办法就像是用两根擀面杖把金属材料碾平。但镁合金的"身体结构"却"不吃这套",越追求对称加工,它的性能越差!

潘复生说:"这就像你打开了一扇门,发现了别人发现不了的世界。你还想再打开另外的门。好奇心是做科研的一大动力。"

怀着强烈的好奇心,潘复生带着团队开始了科研"探秘行动"。"每次研究一个问题,我们就想搞清楚究竟是怎么回事,很入迷。"

正因为这份入迷,潘复生可以待在实验室里整整 228 小时,也就是十天九夜。要不是因为突然停电,他可能还不会停下手中的工作。

　　潘复生一直琢磨，既然"镁"自身的性格太刚强，拿镁合金的"身体结构"没有办法，那能不能换个角度，去改变"擀面杖"？在科技创新当中，学会运用逆向思维也是非常重要的。

　　顺着这个思路，潘复生带着团队又开始一次又一次的探索与实验，寻找新的加工方法。可要改变"擀面杖"真的是太难了。难不怕，就多做实验多尝试。

　　在潘复生的坚持下，团队最终在世界上首次发明了与传统轧制和挤压不同的新型非对称加工技术，发展了与传统强韧化理论不一样的"固溶强化增塑"理论。

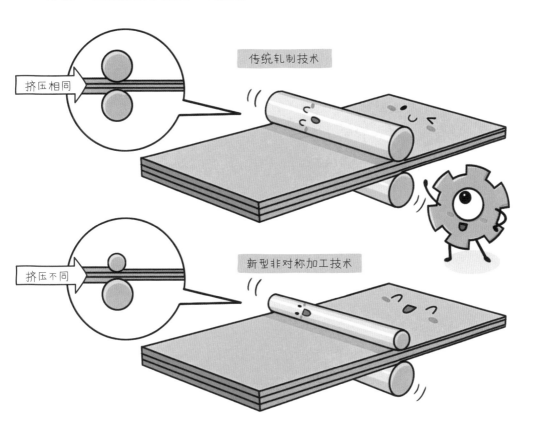

用这种技术加工镁合金，可以让"车道"上的镁原子离开车道"飞"起来，或者借用旁边的新"车道"，在拥挤的"车道"中找到更加便捷的通行方式。这样，镁及镁合金的塑性变形能力大大提高了，克服了缺点的镁合金终于可以更好地为大家服务了！

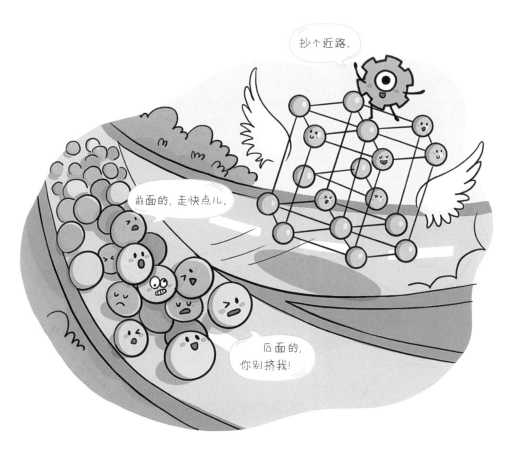

作为一种神奇的轻量化绿色材料，镁及镁合金已经被我们在交通、航空航天、通信等多个重要领域很好地利用了起来。当然它的身上肯定还有一些没有被发现的特点，同时也一定有更多的应用领域没有被发现，而这些"探秘活动"就等着你来继续了！

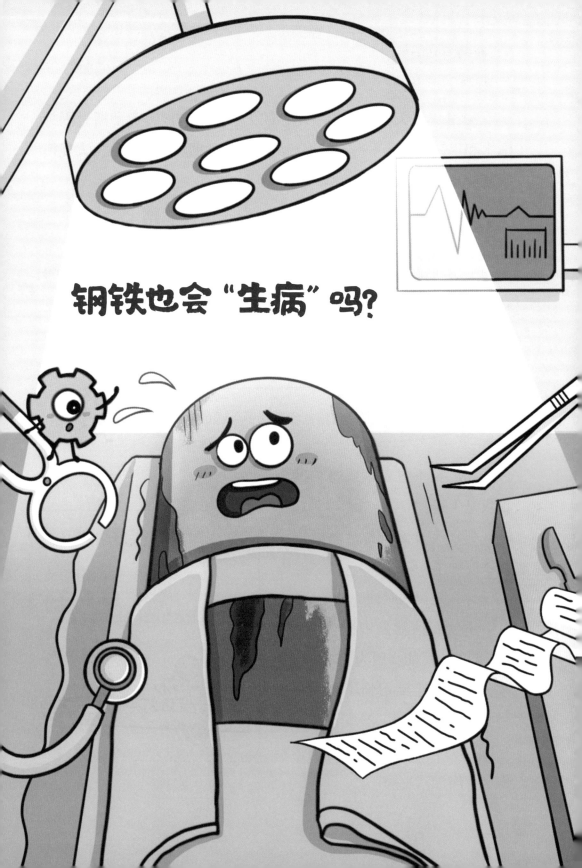

2022 年夏天，全球唯一现存的无畏型战列舰得克萨斯号因为漏水和生锈严重，不得不被拖离泊位，前往船坞，接受一次大规模维修。

其实，不仅仅是这军舰中的"百岁老人"面临着严重的生锈问题，就连一些正在服役的"年轻"军舰也因为生锈而让人大伤脑筋。

我请病假了.

军舰这样的庞然大物也会害怕不起眼的铁锈？

是的！不过，军舰害怕的不仅仅是生锈。

那还有什么呢？这就要说说钢铁腐蚀了。

什么是钢铁腐蚀呢？

钢铁腐蚀就是钢铁"生病"了。就像你可能会因为气候变化、水土不服、生活习惯不良而生病一样，因为温度、湿度、受力、空气污染和微生物等的影响，钢铁也会腐蚀"生病"。

小贴士

腐蚀就是材料在一些因素的影响下，如水、空气、酸、碱、盐、溶剂等，产生损耗与破坏的过程。

"吃"掉它.

钢铁会生什么样的"病"?这些"病"严重吗?

第一种就是大家经常看到的生锈了。在大街小巷,钢铁制品生锈的现象很常见,特别是在临水和空气污染严重的地区。你可不要小看生锈啊,20厘米厚的军舰钢板都能在几年之内被锈蚀殆尽。

第二种是钢板穿孔。在海水中常见的氯离子能在很小的区域内使钢铁腐蚀,最终造成钢板穿孔。这一个个如针眼般大小的孔轻则会让海水渗入,重则会导致海上的军舰等船只迅速沉没。

第三种就更可怕了,是钢板开裂。海上巨无霸的军舰由各种钢板焊接组成,焊缝处非常容易腐蚀开裂。一旦开裂,在毫无征兆的情况下,军舰会突然断成几段,可以说是"暴病"了。

其实,钢铁的"毛病"还远不止这些……

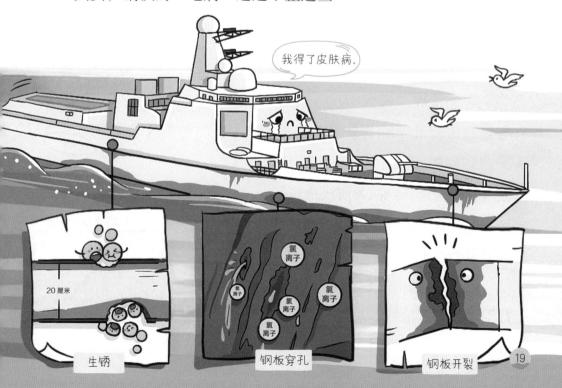

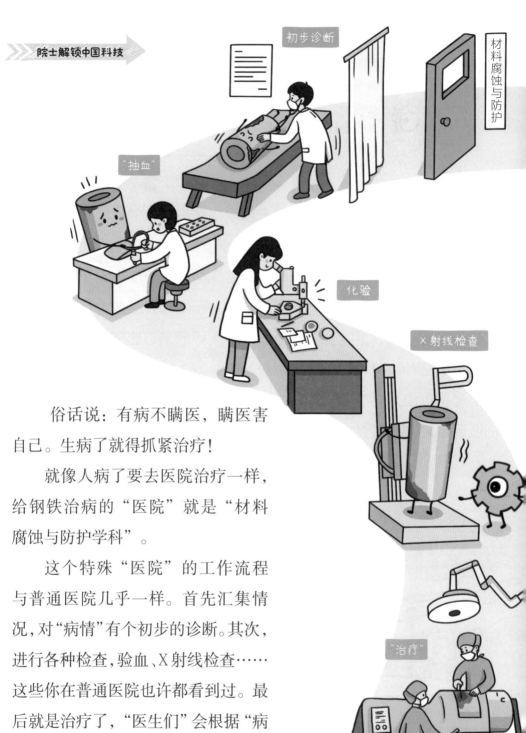

初步诊断

"抽血"

化验

X射线检查

材料腐蚀与防护

"治疗"

俗话说：有病不瞒医，瞒医害自己。生病了就得抓紧治疗！

就像人病了要去医院治疗一样，给钢铁治病的"医院"就是"材料腐蚀与防护学科"。

这个特殊"医院"的工作流程与普通医院几乎一样。首先汇集情况，对"病情"有个初步的诊断。其次，进行各种检查，验血、X射线检查……这些你在普通医院也许都看到过。最后就是治疗了，"医生们"会根据"病情"，选用合适的材料"药物"和"治疗"手段来"治病"。

在这些"医生"当中，侯保荣院士可以说是"治疗"海洋钢铁腐蚀的行家里手了。

20 世纪 60 年代末，我国的材料腐蚀与防护研究刚刚起步，海洋防腐更是一个"冷门"学科，这一"科室"的"医生"自然也就更少了。侯保荣那时才是个刚入门的"小医生"。

"这辈子就专心干海洋腐蚀与防护这一件事吧。"侯保荣说。

那时，国内的科学家们大多认为，潮水忽高忽低、经常风吹日晒的潮差区，是海洋腐蚀最严重的区域。

小贴士

潮差区一般是指涨潮时在水线以下，落潮时在水线以上的区域。

然而，事实真的是这样吗？

"我当时就决定，要彻底弄清到底哪个区域腐蚀最严重。"侯保荣回忆道。

为了弄明白这个问题，侯保荣和同事们在海边临时建了一个水池子，在海水里放置了许多金属样板用来做实验。

　　"那个年代，我们的工作环境和条件特别差，吃饭只能在露天，苍蝇嗡嗡地围着人转，一挥手呼地赶走一大群。"

　　除了要赶苍蝇，侯保荣还得把实验用的样板背回实验室。五六十千克的板子，一个人根本背不动。他只能把板子分成几份，背几块走上一段路，然后再折回去背剩下的。常常这样一走就是一天，回到实验室早已天黑。

　　就是在这样的实验过程中，侯保荣发现，其实潮差区钢铁腐蚀轻，而浪花飞溅区的钢铁腐蚀最为严重，这也是我国腐蚀防护的短板。

小贴士

　　浪花飞溅区一般指高出海平面0—2米，常常会受到海水波浪飞沫冲击的区域。

不要过来！

我来啦！

看着海洋里被腐蚀的钢铁,侯保荣感到十分可惜,也意识到这个问题的紧迫性。他和团队成员马不停蹄地开始了研发工作。

那时,对付浪花飞溅区,有一种特殊的防腐蚀方法——包覆防腐蚀技术。可是这项技术只有美国、日本等少数几个发达国家掌握,不轻易让咱们使用。

那咱们就自己干吧!侯保荣决心自主研发、自主生产,不再受制约。

最初,侯保荣尝试着用润滑油包覆钢柱,但不久就发现,钢柱表面仍然会发生腐蚀。为什么会出现这样的情况?侯保荣百思不得其解。

实验、观察、思考、再实验……他发现润滑油在进行防护时,把钢铁表面的水分也一并包覆在了钢柱表面。

侯保荣恍然大悟,是残留的盐水导致了腐蚀的发生!找到了问题的关键,要怎样才能解决?

他四处请教，抱着"一定能成功"的信心，不断实验，最终研发出复层矿脂包覆防腐蚀技术（PTC）。

科研的脚步是不停歇的。侯保荣带着团队一鼓作气，成功研发出一系列的防腐技术，填补了国内的技术空白。

2021年，联合国世界腐蚀组织（WCO）因为侯保荣在腐蚀防护领域的突出成就，将首届世界"腐蚀成就奖"颁发给他。侯保荣成为全世界获得这项荣誉的第一人。

现在，侯保荣仍未停下给钢铁"治病"的脚步。同学们，如果你们也对此感兴趣，那就欢迎加入材料腐蚀与防护"医院"，早日成为一名"治疗"腐蚀的"好医生"！

钢铁是怎样炼成的?

同学们，看看你周围都有些什么呢？也许有水果刀、自行车，也许还有你乘坐的汽车、火车、轮船等交通工具。你能猜到它们是用什么材料制成的吗？

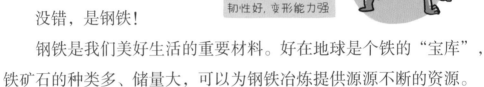

嘿！看我下个腰。

韧性好，变形能力强

没错，是钢铁！

钢铁是我们美好生活的重要材料。好在地球是个铁的"宝库"，铁矿石的种类多、储量大，可以为钢铁冶炼提供源源不断的资源。

铁矿石

铁精矿

那钢铁是怎样炼成的呢？

高炉

就像孙悟空在太上老君的炼丹炉里待了七七四十九天，炼就一双火眼金睛一样，想要变成钢铁，铁矿石也要经受重重考验和转变。

第一关是炼铁。人们先加工和筛选铁矿石，得到含铁量大于 60% 的铁精矿；接着把它们放进高炉中，让它们在 1450—1530 摄氏度的高温环境中进行一番"锻炼"，并喂它们"吃下"焦炭和煤粉等还原剂；最后，铁精矿铆足了劲——"变"！它们将自己变成了生铁。

钢材

轧制

生铁就像没有被驯化好的孙悟空，只想保持自己又硬又脆的"个性"。所以，它还要完成第二关考验——炼钢。

于是，人们再让它流入转炉中，呼——"吹"入氧气调整它体内的碳含量，加入合金，再去除其中的有害气体和杂质，最后得到含有一定比例碳元素和合金元素的钢水。

接下来进入第三关——浇铸。把钢水注入钢锭模并凝固成钢坯，再通过轧制等加工方式，就能得到各种各样的钢材了。

> **小贴士**
>
> 碳含量大于 2.11% 的铁-碳合金，称为生铁，也就是人们常说的铁。它坚硬、耐磨，但很脆，几乎没有可塑性。

浇铸

> **小贴士**
>
> 我们常说的钢铁，实际上是碳含量低于 2.11%（通常小于 1.4%）的铁–碳合金。它韧性好，变形能力强，可通过轧制或锻造的方式，制成不同形状的钢材使用，比如钢筋、钢轨、钢板、钢管、钢丝等。

这个看似完整的过程，却不够完美。因为这种冶炼、加工方式产生的废料多、生产效率低，当使用钢锭模作为凝固装备时，只有 84%—88% 的钢锭能变成钢材，生产的过程还要走走停停，钢材的质量也不好。

氧气

转炉

　　还有一个问题，那就是钢铁在过去非常稀缺。中华人民共和国成立初期，我国钢的年产量只有 15.8 万吨，还不到世界总产量的 0.1%。这么低的钢产量，连每家每户的消费需求都满足不了，更别说发展工业了！

　　为什么会落后？这个问号，沉甸甸地压在了年轻的殷瑞钰心头，"钢铁报国"成了他一生践行的诺言。大学毕业后，他带着"到祖国最需要的地方去"的信念，到了唐山钢厂。

　　当时钢厂条件十分艰苦，炼钢操作中的运石灰、扔锹、扒渣等全要靠人力完成，他和工人一起三班倒，甚至"连轴转"也是再正常不过的事。有一次，殷瑞钰为了完成实验，60 小时没离开炼钢炉，累了就在旁边的栏杆上靠一靠，下炉台时，双腿都僵硬得动不了。

钢铁是怎样炼成的?

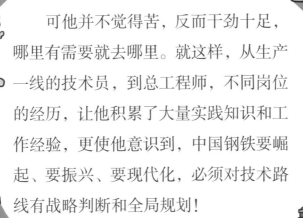

可他并不觉得苦，反而干劲十足，哪里有需要就去哪里。就这样，从生产一线的技术员，到总工程师，不同岗位的经历，让他积累了大量实践知识和工作经验，更使他意识到，中国钢铁要崛起、要振兴、要现代化，必须对技术路线有战略判断和全局规划！

后来，他奉调进入冶金工业部工作。放眼全国，他了解了更多钢厂的生产情况，还研究了当时国外钢铁生产大国的先进经验。他发现，中国钢铁工业要想在世界占有一席之地，必须抓住连铸技术这个突破口！

连铸技术可以直接、连续地将钢水浇铸成一定形状、尺寸的钢坯，有明显的优势。想想看，如果全国钢厂都用连铸技术，那我们的钢产量不就能大大提高了吗？殷瑞钰暗暗在心里盘算着，并提出了"以连铸为中心"的技术进步战略思路。

小贴士

连铸是连续铸钢的简称。相比模铸，连铸减少了切头切尾等废料，缩短了时间，减少了大量的能源消耗，保证了质量，理论上能把钢材的"收得率"提高到98%以上！

但这项颠覆性的技术，受到了一部分人的质疑："钢厂应该以炼钢为中心，怎么能以连铸为中心？""以连铸为中心，能达到设计产量吗？"原来，当时国内已有少数钢厂使用连铸机，但因生产装备和技术条件的制约，总是不能达到设计产量（简称"达产"）。因此很多人宁可"保险""慢慢来"，也不愿放弃模铸而选择连铸。

这些丝毫没有动摇殷瑞钰的决心，他坚信"以连铸为中心"的战略，为的是打赢这场"中国钢铁腾飞战"！不过，"新技术总要先捋出个头绪来"。

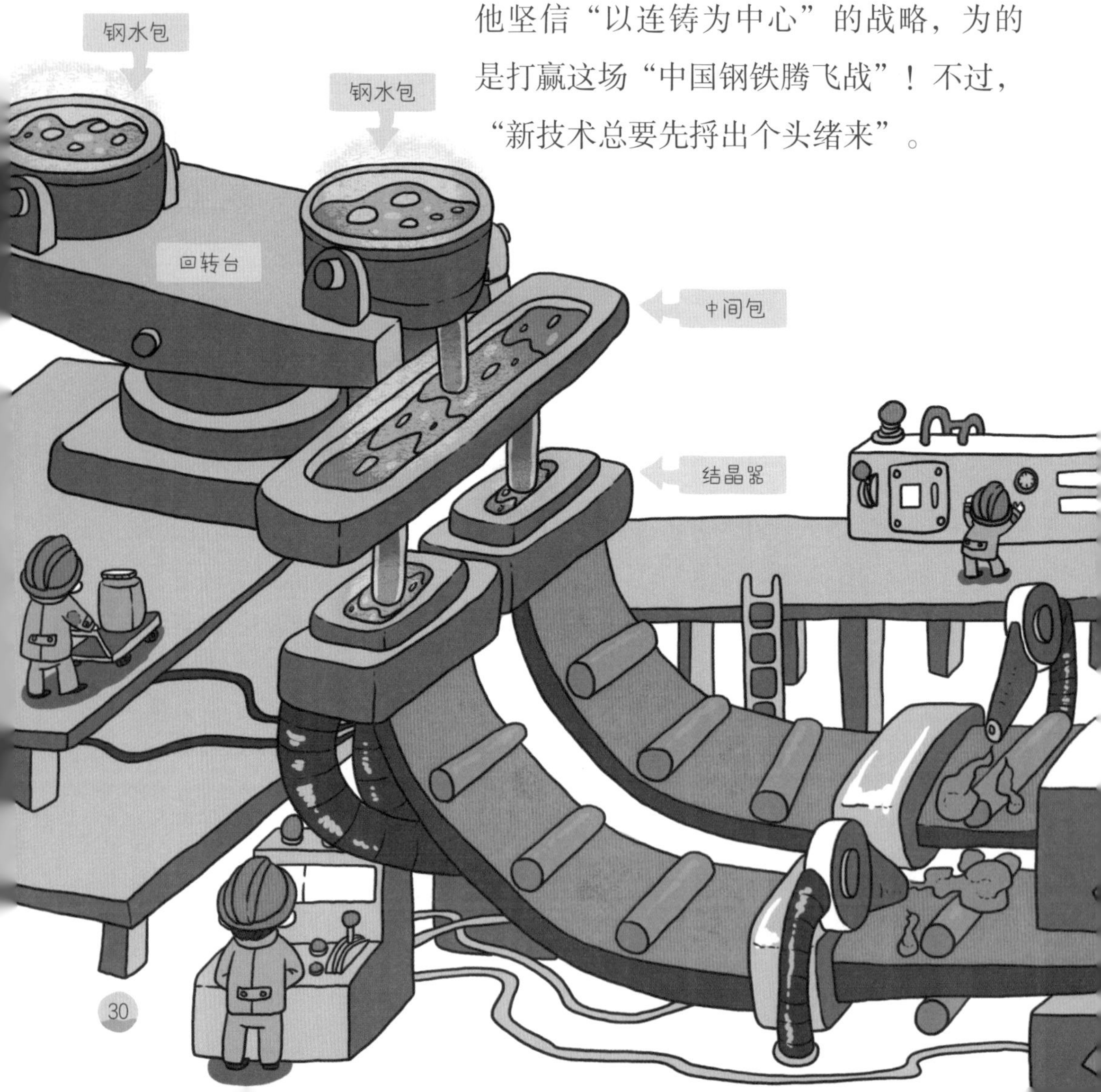

钢水包

钢水包

回转台

中间包

结晶器

事实最有说服力！他先找了几个有条件的中型钢厂，对连铸技术进行攻关。他一次次走到钢厂的生产一线，凭着一股子钻劲和拼劲，找出了钢铁生产过程中影响实现全连铸钢厂的各个"瓶颈"。他站在全局战略上进行思考，先后推动了连铸、高炉喷煤、棒/线材连轧等六项关键共性技术的全国性突破，进而实现了一批全连铸钢厂的达产！

很快，顺利达产的消息传播出来！看到全连铸方式在生产效率上的绝对优势，质疑声变成了欢呼声，全连铸钢厂开始在全国普及！新设计的钢厂，更是以全连铸工艺为模板。

小贴士

促进中国钢铁工业发展的六项关键共性技术为连铸、高炉喷煤、高炉长寿、棒/线材连轧、转炉溅渣护炉和流程工序结构调整的系统节能。这是中国钢铁工业 20 世纪 90 年代全行业技术进步的关键标志，实现了中国钢铁工业技术路线的结构性升级。

在冶金工业部的全力推动和以殷瑞钰院士为代表的钢铁人的不断努力下，中国钢铁工业得以快速、健康发展。1996年，中国钢铁产量突破了1亿吨。

现在，我国已连续20多年保持全球第一产钢国的地位，中国钢铁产量占世界的半壁江山，成为世界钢铁强国！

如今，年近九旬的殷院士仍坚持上班、工作、学习、思考，对工作乐此不疲，总有读不完的书，想不完的问题，写不完的文章。

他说："从表面上看，现在没有人检查我，没有人给我布置任务。但实际上这个时代在给我布置任务，祖国也在给我布置任务。活着要有责任感啊！"

同学们，相信你们一定会努力学习，不断创新，完成时代交给你们的任务，成为让祖国不断腾飞的"生力军"！

先来看场魔术表演吧。

魔术师把一把平直的汤匙放在0摄氏度的水中，然后把它掰弯。接着，魔术师把汤匙握在手中，神秘地对着手吹了三口气，手指张开，奇迹出现：汤匙居然变直了！

千万别眨眼！

小贴士

目前，已知的形状记忆合金有几十种，最常见的是含有镍、钛两种元素的镍钛记忆合金。

镍

钛

形状记忆合金，你好！

逗齿，你好！

为什么会这样呢？奥秘肯定不在那三口气，那在哪里呢？

原来，那把汤匙是用一种具有"记忆"功能的金属做的。它"记"住了自己原来的平直形状，当被手加热、温度升高时，它的"记忆"被唤醒，所以在手张开后，就变直了。

哈，金属居然也有"记忆"！

人们把这些能"记"住自己形状的金属，称为形状记忆金属。由于它们都是由两种或两种以上的元素组成的，因此也被称为形状记忆合金。

形状记忆合金有什么用呢？

你一定听过"嫦娥奔月"的故事！成功登上月球，一直是我国航天工作者的梦想。随着嫦娥号飞船一次次成功发射，登陆月球表面已经不再只是梦想。

但是，成功到达月球表面只是第一步，我们还需要把月球"土特产"——月壤"打包"带回地球，这对科学家的研究非常重要。

然而，在月球上没有人工操作，怎么才能装进袋，打好包，封好口，不让采集到的月球"土特产"漏洒出来呢？

科学家们想到了形状记忆合金。他们把形状记忆合金丝做成一个像麻花一样的封口器，在嫦娥五号发射之前把封口器掰成圆形缝合到装月壤的布袋口，然后把布袋套在采集月壤的金属管外面。

钻取采集开始后，自动装置通过布袋顶端的抽拉绳把布袋慢慢拉进金属管内，采集的月壤也慢慢地进入管内的布袋里。当采集任务完成时，套在金属管外面的布袋全部翻转进入管内，此时缝合在袋口的记忆合金封口器便在月球温度条件下，自动从圆形恢复到麻花状，把布袋口紧紧封住。打包完成！

最后，这个"包"乘坐返回舱顺利回到地球。

2020 年 12 月 17 日，嫦娥五号月球探测器携带月壤样品返回地球，圆满完成我国首次月球无人采样任务。这次任务的完成，有形状记忆合金的一份功劳。

看起来好像很简单很顺利，其实，从想到到做到，是充满波折和挑战的。精准的温度把控就是其中一个要解决的大难题。

在月球上，白天温度很高，夜晚温度又会降到很低，昼夜温差超过 300 摄氏度，这和地球很不一样！在这种情况下，普通的形状记忆合金根本无法"施展本领"。怎么办呢？

北京航空航天大学的形状记忆合金研究团队下决心跟这个困难"死磕"。他们发现,给普通形状记忆合金加点儿"料",也就是其他合金元素,并改进合金丝的加工方法,就可以帮助形状记忆合金"升级"了!

我们是合金!

全新升级

可是具体应该加哪种合金元素,又该加多少呢?这可不是拍脑袋能决定的。为了找到准确答案,他们反复实验并改进配方,终于得到了可满足月球环境要求的形状记忆合金,并加工制成了封口器。航天科技人员接着又在各种复杂的环境下反复测试,最终选用两个封口器执行航天任务,圆满完成了月壤采集。

小贴士

打包月壤的封口器每个才 0.06 克重,差不多 16 个封口器才相当于 1 粒花生米的重量。

16 个封口器   1 粒花生米

今天形状记忆合金在航空航天领域的广泛应用，离不开默默付出的前辈科学家们。赵连城院士就是很早注意并意识到它一定会对我国的航空航天发展发挥重要作用的人。

当年，刚刚大学毕业的赵连城因为国家需要，毅然离开上海，来到"冰城"哈尔滨，从此开始了在"材料世界"的探索。

在科研过程中，他发现某些金属有类似记忆的特殊"才能"。哈，多有意思！

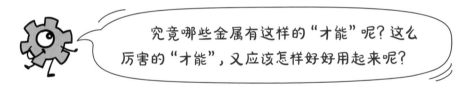

究竟哪些金属有这样的"才能"呢？这么厉害的"才能"，又应该怎样好好用起来呢？

这些问题，找不到答案，也没有前人的经验，他便如饥似渴地查阅国内外资料，并结合大量复杂的实验。最后他推断：能在工程应用的记忆合金可以基本锁定在镍钛基记忆合金范围内。这一推断令我国的记忆合金研究上了一个新台阶。

接下来就是记忆合金的应用了。其中就包括航空液压管接头。

这个管接头是影响飞机安全和可靠性的一种重要器件。以前的管接头基本是用普通金属制成的、对着拧的螺母螺栓，在遇到震动冲击的时候，容易松动，造成油气管路泄漏，导致飞机出现故障。如果将记忆合金应用在这种管接头上，它的性能可以大大提高，飞机的故障率就可以大大降低。

为了确保记忆合金在航空航天服役过程中万无一失，赵连城不但对研制的每个记忆合金器件反复试验，有时还要解决各种跨学科、跨领域的问题。

寻找一种合适的低温润滑剂，就是当时面临的一个大问题。这种润滑剂可以帮助记忆合金管接头实现低温下"扩径"，也就是说，在不开裂的前提下，把管接头撑开撑大，以便能套在相应的管路上。

可是，没有找到。

要说好奇心真的是科学家成功的必备要素！正当山穷水尽之际，赵连城团队收到了一封国外来信。

扩径成功啦！

在拆信的过程中，他们发现信封的手感有些特别，异乎寻常地光滑。会不会有什么特殊材料呢？正苦于寻找润滑剂的他们，赶紧拿信封去做低温润滑测试，结果居然迎来了"柳暗花明"——有了这种用信封纸做成的润滑剂，管接头扩径成功了！

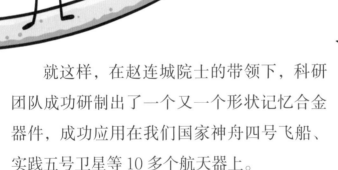

就这样，在赵连城院士的带领下，科研团队成功研制出了一个又一个形状记忆合金器件，成功应用在我们国家神舟四号飞船、实践五号卫星等10多个航天器上。

现在，形状记忆合金不光用在了航空航天领域，在我们常见的牙齿矫形丝、眼镜架上也能见到它们的身影。

同学们，你也遇到过一时无法解决的难题吧？千万不要气馁，只要多观察、多思考，一定也可以迎来你的"柳暗花明"。

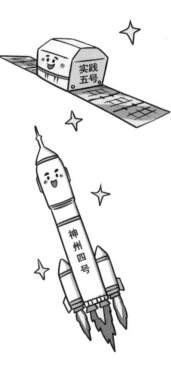

马路上太多的汽车不仅会造成交通拥堵，还会污染环境，尤其是那尾气，真是难闻。

当然，尾气很冤枉，因为这跟汽车"喝"的燃油有关。

燃油就好比汽车的能量饮料，有了它，汽车才能跑起来，但同时也排出了尾气污染物。

这些污染物不但难闻，还会损害人们的身体健康，扩散到大气里，更可能产生雾霾、酸雨等，所以要想办法让它们在离开汽车前"变干净"。

科学家们想出了办法，他们利用污染物之间"相生相克"的关系，把一氧化碳、氮氧化合物、碳氢化合物等污染物"变身"成无色、无味也无毒的水、氮气和二氧化碳。

不过，这样的变身需要"贵金属催化剂"的帮助才能实现。

在汽车里，贵金属铂与另外两位"帮手"铑和钯一起，组成"清洁大师"。

每当汽车启动，"大师"们先让尾气中的一氧化碳、氮氧化合物和碳氢化合物围着它们"列队站好"；再指挥它们穿插交错，在原子层面不断"变换阵型"，直到它们都变成水、氮气和二氧化碳才停止工作。这个过程被称作"催化反应"。

最终，尾气干干净净地离开了汽车排气管。其中起到关键作用的贵金属也被称为"催化剂"。

"变干净"啦！

那么，只要有贵金属催化剂，汽车尾气就可以"变干净"了吗？

还不够！

小贴士

我们对贵金属可能并不陌生，它们大多数拥有美丽的色泽，人们佩戴的一些饰品就是用金、银、铂（又叫白金）这样的贵金属做的。

在《三国演义》里，刘备是蜀军的统帅，但他在排兵布阵、运筹帷幄时离不开神机妙算的军师——诸葛亮。

解决汽车尾气难题也一样。"统帅"离不开"军师"，如果没有"储氧材料"这位"军师"的辅佐，那么贵金属催化剂也会无计可施。

汽车开开停停，有时尾气里的氧气太多，氮氧化合物就会抱着氧气不撒手，"躺平"不动；有时氧气偏少，一氧化碳和碳氢化合物又会抱怨"吃不饱、肚子饿"，就地"耍赖"。

多亏有储氧材料的存在。在氧过量时，这位足智多谋的"军师"会用它像"八卦阵"一样的晶体结构锁住部分氧，再将它们在需要氧时释放出来。这样，整个过程就不会受到"军需物资"时多时少的困扰了。

"神机妙算"的储氧材料又是由什么物质制成的呢? 答案就是二氧化铈。

二氧化铈中的铈是稀土的一种。稀土是中国的战略资源, 铈正是中国稀土矿中储量最大的一类。

可惜的是, 在 20 世纪 70 年代, 中国因技术跟不上, 提炼不出高纯度的稀土产品, 不得不低价出口稀土矿, 再以几十倍甚至几百倍的价格从国外买来提纯后的产品。

这肯定是一笔不划算的买卖!

能不能买国外的技术呢? 没想到的是, 对方不仅开出天价, 还要求我们不能自己卖提纯后的产品, 只能由他们处理。

太憋屈啦!

"我们要自己研究开发，而且要比他们做得更好，给国家争口气！"当时已年过半百的徐光宪知道这一情况后，毅然决定转变科研方向，决心破解稀土分离提纯的"密码"。

可是，这个"密码"哪有那么容易破解啊，但徐光宪只说了一句："再难也要上！"

为了破解"密码"，他查阅大量文献，做了上万张文献卡片，反复深入地分析、归纳、总结……3年后，徐光宪率领团队终于找到了开启"密码"的钥匙，创造性地提出了"串级萃取理论"！

小贴士

"串级萃取理论"是一种全新的稀土分离、提纯方法，纯度达到创世界纪录的99.99%。这种方法不仅可以降低成本，还可以提高产量，从而打破了国外的稀土提纯技术垄断。

理论虽然有了重大突破,但如何真正实现大规模生产呢? 我们真的可以解决这项世界性难题吗?

大家觉得,为了找到实际生产和理论相结合的依据,徐光宪已经进入"走火入魔"的境地。

在很长一段时间里,他沉默寡言,苦思冥想,没有节假日,没有周末,每周工作超过 80 小时,白天泡在实验室里做实验,晚上就琢磨实验结果和技术难题。

工厂和实验室的同事开玩笑说:"我们跟着徐老师,白天是体力劳动者,晚上是脑力劳动者。"

功夫不负有心人。徐光宪和他的团队创建了"稀土萃取分离工艺一步放大"技术，使原本非常复杂的生产工艺"傻瓜化"。

也就是说，这边放入稀土原料，另一边就可以源源不断地生产出各种高纯度的稀土产品。世界级难题就这样被一举攻克！

为了推广新技术，徐光宪在全国开办"串级萃取"讲习班，无偿贡献他的科研成果。这个在国外被视为最高机密的稀土分离技术，一下子成为很多乡镇企业都能掌握的工艺，中国成了稀土生产大国和出口大国，国际稀土产业的格局发生了改变。

此后，经过科学家们不断攻克难关，先进的国产储氧材料终于成为最可靠的"军师"。在"军师"的帮助下，尾气终于可以干干净净地从汽车里出来啦！

相信在不远的未来，随着科技的不断进步，我们能找到更便捷、成本更低的办法，让汽车尾气彻底变成大自然的清新气息！

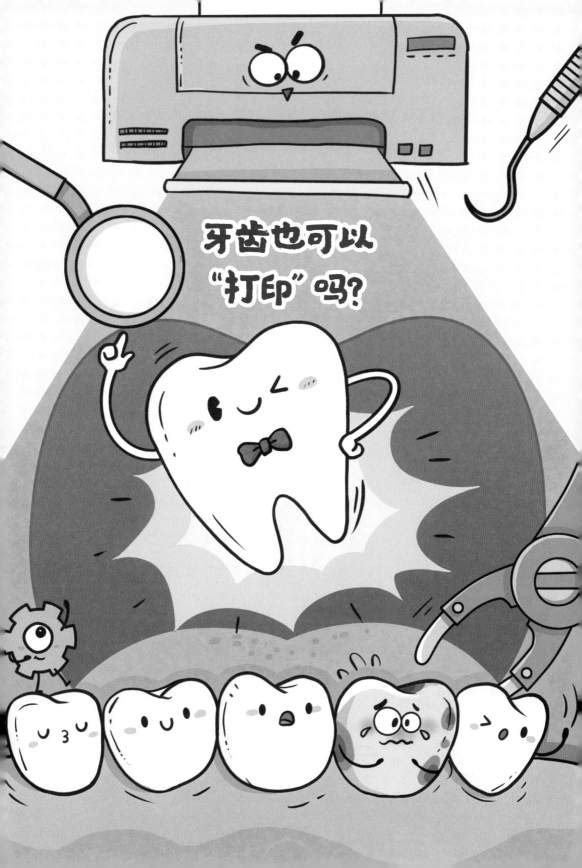

还记得令人震撼的北京冬奥会开幕式吗? 那晚, 冬奥会主火炬 "飞扬" 以微火的形式点燃, 简约新颖, 富有深意, 给大家留下了难以磨灭的印象。

告诉你, 这主火炬是 "打印" 出来的!

不相信? 其实这都不算什么。如果谁的牙齿掉下一颗, 也能 "打印" 出新的来替换呢!

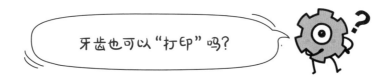

牙齿也可以 "打印" 吗?

是的! 神奇的 "万能造物技术" ——三维打印, 可以像美猴王的 "七十二变" 一样, 帮你复制出一颗牙齿哟。

小贴士

三维打印, 就是我们常说的3D打印, 科学家们则会更严谨地称之为增材制造技术。人们用这个技术, 在计算机的帮助下, 可以用粉末、丝材、浆料等不同形态的原材料, 逐层打印出想要的物体。

如果我们要用 3D 打印技术打印一颗牙齿，需要怎么做呢?

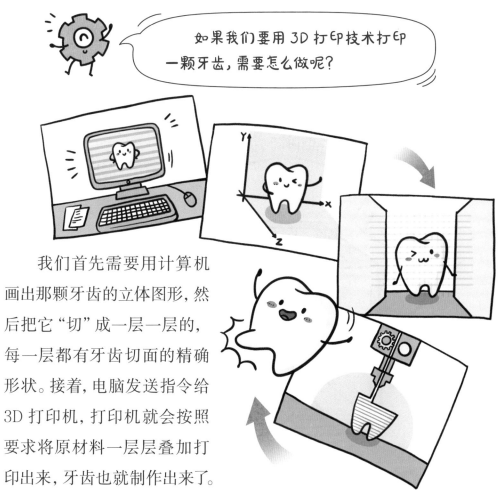

我们首先需要用计算机画出那颗牙齿的立体图形，然后把它"切"成一层一层的，每一层都有牙齿切面的精确形状。接着，电脑发送指令给 3D 打印机，打印机就会按照要求将原材料一层层叠加打印出来，牙齿也就制作出来了。

其实，3D 打印机和普通打印机的工作原理基本相同，主要区别就是打印材料!

普通打印机的打印材料主要是墨水和纸张，3D 打印机的打印材料可就多多了，金属、陶瓷、塑料、砂等都能作为打印材料。甚至面粉、鸡蛋、蜂蜜、巧克力、果冻、糖霜、果泥、土豆泥等也都能作为 3D 打印的原材料，打印出巧克力慕斯、千层蛋糕以及比萨等各种美味。是不是想想都要流口水了呢?

看，不仅仅是牙齿，3D 打印还可以帮我们打印出水杯、蛋糕、汽车，甚至是房子、桥梁……从某种意义上讲，万物皆可打印！

你肯定会觉得，这么神奇的 3D 打印应该是新兴技术吧？

其实不然。早在约 40 年前它就已经出现了。

我国对 3D 打印技术的研发，开始于 20 世纪 90 年代。2005 年 6 月，我国第一个 3D 打印的钛合金零件被装上中国空军歼 -11 飞机，完成 3D 打印技术标志性的一步。中国由此成为率先突破这一技术的国家。

这标志性的一步，走得并不容易！

因为在那个时候，一些国家已经宣布停止使用 3D 打印的方法制造航空器的大型关键构件，并且认为这条路根本走不通。

然而我国金属 3D 打印专家王华明并没有受到影响。他坚持认为 3D 打印技术的方向没有错，硬是在这条"走不通"的路上走了 8 年。

在这 8 年里，王华明带领团队坚持着一次又一次的实验。做实验，设备就必须 24 小时不停机，大家只能轮班盯机。

团队中有一位骨干成员，负责夜班，每天从晚上 8 点盯到第二天上午 8 点，坚持了七八年。

原理听起来好像很简单，但在实际实验过程中，王华明碰到了不知道多少难题。

"金属 3D 打印像是揉面，把粉和丝这样的原料，通过熔化这个过程，完成合金化，完成凝固，完成材料的制备，材料制备出来就已经是做成的复杂零件。"王华明形象地总结道。

有一次，有一个难度非常大的零件花了 10 多天的时间才打印出来，正当团队松了一口气的时候，突然听到了炸裂声。

零件忽然开裂，只能想办法，找原因，从头开始……

王华明说："解决重大问题不是靠一天两天，必须静下心来，刻苦钻研。"

坚持终于迎来收获。对于那段经历，王华明有品味回甘的感觉。他说："从来没想过在有生之年能把自己做的 3D 打印零件装在飞机上。因为一般搞航空的人，可能从大学毕业开始做，到 60 岁退休，做的东西也上不了飞机。我们当时很自豪，做了一件破纪录的、有里程碑意义的事。"

王华明和他的团队并没有就此止步,而是又把目光瞄准了打印更大的装备上。他们再一次成功:用咱们中国人自己研制的3D打印技术——激光立体成型,做出了国产大飞机C919机头钛合金主风挡整体窗框。

这项技术怎么样呢?

有比较才能有鉴别。

如果用传统技术,我们需要花两年时间,支付200万美元才能制造出C919机头主风挡窗框;王华明团队用这个技术,可以在55天内,以十分之一的费用就加工制造好,而且性能优异!

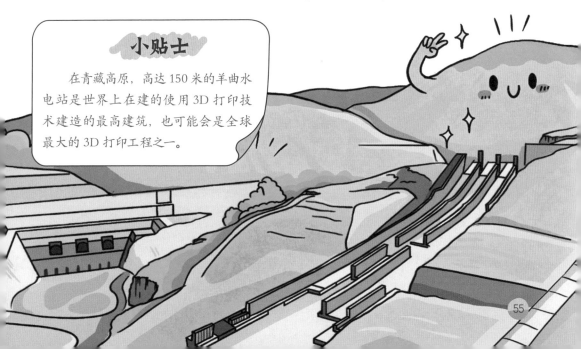

2015年，王华明当选中国工程院院士，成为中国"金属3D打印"技术领域的第一位院士。

凭借3D打印技术，我国在飞机、火箭等重大装备的制造领域，第一次跻身世界先进水平。

把想象变成现实，怎么想都是件令人激动和开心的事情。科技改变生活，随着3D打印技术的普及，我们也渐渐享受到技术给生活带来的改变和进步。

你心动了吗？期待将来的你加入3D打印技术的研究队伍呀！

你知道阳光有哪些作用吗？

阳光能给我们带来光明和温暖，能帮助植物进行光合作用，能杀死病菌……

还有吗？当然有！阳光还能发电呢！

怎样才能让阳光发电？

这就得说说太阳电池了。只要有阳光照射到这种特殊装置上，它就可以将吸收的太阳光能转换成电能。而且，它在工作时没有噪声，也不会产生污染物，是一种非常先进的、无污染的绿色能源技术。

太阳电池"长"什么样呢？

如果你细心观察，也许会在一些屋顶、电线杆或者大片空地上，见到一块一块由好多深色的小方块组合在一起的、薄薄的大平板装置，那些就是太阳电池。

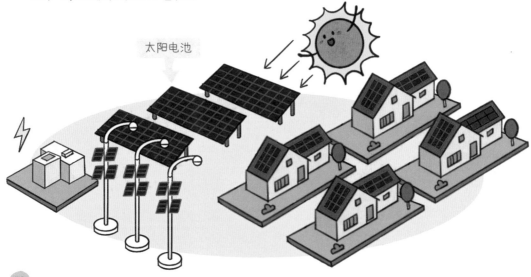

太阳电池

目前，这些太阳电池基本都是用超高纯度晶硅制备的。晶硅是从沙子里提炼出来的，是手机、电脑的"大脑"（高端芯片）中最关键的材料。

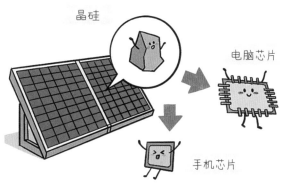

除了在地面上使用，太空中也有很多太阳电池在给卫星和空间站提供源源不断的电能。这些太阳电池通常使用的是一种叫作砷化镓的材料。它比晶硅更轻，把光变成电的能力更强。我们的天宫空间站，用的就是我国自主独立研发的砷化镓太阳电池，而且达到了国际领先水平。

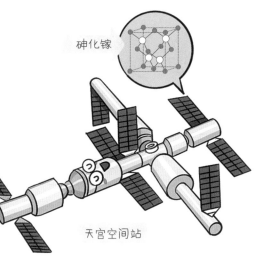

天宫空间站

说到这里，你是不是也想拥有一块太阳电池呢？

有这个神奇装置在，即使在户外很长时间，都不用担心手机、电脑没电了。那些在野外执行特殊任务的人，也可以随时为电子设备充电。

小贴士

在太阳电池板上，除了超高纯度晶硅和砷化镓这类吸光并将光能转化为电能的材料之外，还有一类关键材料——透明导电电极材料。这类材料既要把尽可能多的阳光引进发电板，又要把发的电高效率地传导出来。

可是，谁又愿意在开心的旅途中背着一个笨重还容易摔碎的"大家伙"，负重前行呢？

能不能发明一种柔软轻薄的太阳电池，让我们随身携带？

比如，能发电的衣服、太阳电池伞……

这个问题同样也问到了一位科学家那里，他就是北京大学的邹德春教授。

邹德春是我国研究光电材料及器件的专家，他知道，要把一张沉重的太阳电池板变得像衣服一样轻薄、柔软，一直以来只是个梦想，而且也是行业内公认的不可能解决的难题。

要挑战世界难题吗？

要！

好柔软！

为了迎接挑战,他进行了大量的文献研究,分析总结前人挑战失败的原因。

突然有一天,他想:我们为什么非要局限在像玻璃一样的透明导电板上呢?换一种材料,只要能解决吸光和导电的问题,不就行了! 就这样,"染料敏化 + 半透明丝网"组成的全新结构的太阳电池模型诞生了。

说起来容易,做起来难。对于他设想的这样一个全新结构的太阳电池,既没有现成的加工设备,也没有现成的材料,更没有现成的加工工艺,甚至连满足技术要求的导电纤维及织网都没有!

小贴士

"染料敏化 + 半透明丝网"就是在丝网表面涂上特殊的有机染料,染料解决吸光问题,丝网解决导电问题。

我是一个粉刷匠.

粉刷本领强.

导电纤维

织网

那就想办法找! 你一定想象不到,如此高科技的太阳电池,最初的实验材料竟然是跟纱窗厂借的。

因为说到透明，日常生活中除了玻璃窗不是还有部分透明的纱窗吗？因此纱窗成了验证技术新思路的最佳突破口。

可是，大部分厂家的纱窗均不符合要求。正当一筹莫展之时，一次偶然的机会，邹德春从网上找到一家能提供符合要求的金属纤维及编织丝网的高端纱窗生产厂家。

当时人家还以为他是装修要用呢，而且要得非常急，于是搭了一辆进城的大货车就给送来了。在一个大雪纷飞的傍晚，双方在路边见了面。

接下来，科研团队便开始用这些"得来不易"的宝贝忙活起来。当时实验室的情景，真的像是加工车间一样，所以常有路过实验室的同学误把邹德春称为"邹师傅"。

很快，这个用普通金属丝网制作的太阳电池雏形样品研制了出来，他们把它接到专业仪器上进行测试。

啊，指示灯亮了！

通电了！

大家高兴极了！他们研究了将近两年的项目，第一次成功了！这个"纱窗实验"证明了用金属丝做太阳电池基底是可行的！

但是，这个不锈钢网的电流太微弱了，材料还是不够柔软、有韧性。还不是可以做太阳电池衣服的材料。

于是邹德春带领团队继续发力！

经过反复研究，他们在国际上首次提出使用柔性纤维，实现双电极缠绕结构纤维太阳电池的新想法。

当然，光有想法还不够，还需要得到实践的检验。

小贴士

双电极缠绕结构纤维太阳电池，就是在导电纤维上构筑新型纳米材料，形成纤维结构的光电极，然后把两根纤维光电极像编辫子那样缠在一起。

双电极缠绕

电能转化材料层

摆在大家面前的是一个技术大难题：要真正做出可编织的单根柔性纤维太阳电池，必须在一根和头发丝差不多粗细的金属丝上，一层又一层、精准无误地涂上厚度只有纸的百分之一的电能转化材料层。这是在微观世界的精雕啊！

面对挑战，他们能做的就是想方设法改进设备，攻关制备工艺。

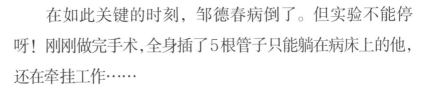

在如此关键的时刻，邹德春病倒了。但实验不能停呀！刚刚做完手术，全身插了5根管子只能躺在病床上的他，还在牵挂工作……

在所有人的共同努力下，首批柔性纤维结构的太阳电池样品研制了出来——一根只有几厘米长的细线。

当操作人员无比紧张地把多根这样的细线连起来，并接到小风扇上时，风扇转动起来了！

团队沸腾了！

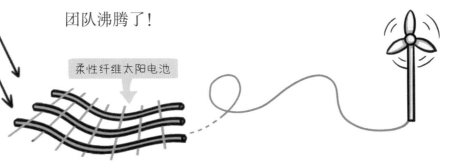

柔性纤维太阳电池

当他们把这个实验成果发布出去的时候，得到了世界同行的高度关注和认可。这让我国得以跻身世界太阳电池技术领域领先行列。

他们乘胜追击，继续研究，现在，纤维太阳电池的长度已经超过了1米。

回首过往，邹德春说："人要敢想，一切才有可能。但是科学不是空想，科学要实干。唯有动手做才能出成果。"

柔性纤维太阳电池让人们"用衣服采集阳光能量发电"的梦想成为可能。但是要在生活中大量使用还要解决很多问题，需要一个漫长的过程。你愿意为实现这个阳光梦想而一起努力吗？

想象一下这个场景：把成千上万个氢气球系在屋顶上，腾飞的氢气球将屋子平地拔起，飞向空中。啊，飞起来的屋子多奇妙！

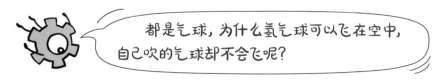

都是气球，为什么氢气球可以飞在空中，自己吹的气球却不会飞呢？

答案就藏在氢气里！

普通的气球里充的是空气，氢气球里则是氢气。因为氢气的"体重"比空气还要轻，空气轻轻松松就能把它托住，所以氢气球就能飞起来啦！

别看这个无色无味的小家伙"体重"轻，它在清洁能源中可是一位"重量级"大咖。因为氢气燃烧或和氧气通过燃料电池反应后的产物是水，不会增加二氧化碳排放，对环境十分友好。于是人们

我们比空气还要轻。

飞起来啦！

小贴士

氢气的密度只有空气的 1/14，是地球上已知密度最小的气体。

想到，如果把氢气应用在交通、发电等领域，就可以减少有害气体的排放，不就能更好地保护环境了吗？

可惜的是，想要"抓住"并运输氢气却是一个大难题。因为在正常的温度和压力下，人们很难见到氢气的"真面目"，它就像在玩藏猫猫一样，让人看不见、摸不着。

那么，怎样才能"抓住"氢气呢？

别担心！科学家们有好方法，那就是固态储氢。

现在闭上眼睛，跟我一起吸气——呼气。我们吸进去的主要是氧气，呼出来的主要是二氧化碳。科学家们发现，由稀土、镁、铝等金属或金属化合物组成的储氢材料也会"呼吸"，只不过它们"吸收"和"释放"的是氢气。

吸——

呼——

> **小贴士**
>
> 在高压条件下可将氢气储存到钢瓶中，不过，钢瓶又大又笨重，储存和运输都很不方便，而且存在安全隐患。把氢气的温度降低到零下253摄氏度，氢气可由气体变成液体，但液化氢价格高，不能大规模使用。

> **小贴士**
>
> 固态储氢是利用储氢材料在一定的温度和压力条件下，通过物理方法或者化学反应，将氢气变成氢化物。

这些储氢材料的"肺活量"大，能像海绵吸水一样把大量氢气储存起来，再根据人们的需要，适时释放氢气。更厉害的是，它们还可以重复循环地"呼吸"氢气，并且使用寿命很长，大大方便了氢气的储存、运输和使用。

有了储氢材料，人们"抓住"氢气变得超级简单！

有一位科学家想，这个难题可不能白解！他想让储氢材料走出实验室，真正应用到人们的生活中。

他就是华北电力大学教授武英。

多年前，我国的大气污染问题始终是压在武英心里一块沉重的大石头。为了能改善这个状况，他毅然转向了清洁能源——氢能源领域的研究。

那时候，武英还在国外留学，勤奋努力的他每天都在实验室里工作到凌晨两三点。外国教授看到他总是"霸占"着实验室，就提出了时间限制。武英只好跟教授"打游击"。他每次在下班时间离开，等所有人都走了，再悄悄回来继续做实验。

2007 年，学成归来的武英想用自身所学，为国家在氢能源领域做一些实际的工作。没想到，现实却给准备大展拳脚的他泼了一盆冷水。

那时，国内对储氢材料的研究很多还集中在传统的镍氢电池电极材料方面，在氢气的存储和运输，特别是应用方面的研究不多，大多数人因为不了解这一新生事物，并不看好它的发展前景。研究者们纷纷摆手，说："这些只能在实验室里做一做，成果应用不到生活中的。"

面对否定，武英没有退缩。他想，既然暂时没有"同行者"，那就先做一个"孤勇者"，自己干！

没有实验设备，他就自己设计图纸，然后找工厂加工。就这样，他不停地奔波于实验室和工厂之间。

没有科研支持，他就请来国外的权威专家做"外援"，为大家讲解储氢材料和应用方面的技术和发展前景，将最新的研究成果带到大家面前。

在他十几年如一日的坚持下，大家对储氢材料的了解逐渐多了起来，他的"同行者"也越来越多，而且他们还在这一领域的研究中取得了一系列重大突破。他们研发出的新型高容量储氢合金，比其他储氢材料的"肺活量"更大，制备起来也更加简单，这让储氢材料离人们生活更近了一步。

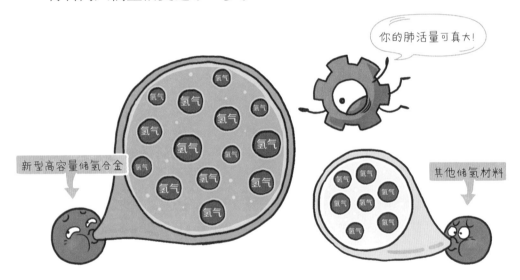

武英没有忘记他的最终目标，他经常说："要在国内储氢领域做一点实际的事儿，要让它真正应用在人们的现实生活中。"

　　这个想法让不少国外学者都认为是天方夜谭。他们早在 20 年前就开始尝试应用了，但到目前为止也没成功，他们不相信中国可以做到。

　　武英说："我们不光要做，还要做成让老百姓看得见、摸得着的东西。"

　　可是，做什么呢？一天，武英想起了在国外时非常流行的储能电池二轮助力车，突然灵光一闪。对呀，这不就是老百姓看得见、摸得着，还能用得上的东西吗？

　　想要在一辆小小的二轮助力车上使用固态储氢材料，不仅要体积更小、"肺活量"更大，更重要的是要安全存储，更换便利。武英和他的团队又马不停蹄地开始了研究。最终，他们在国际上首次将固态储氢技术应用到了二轮助力车动力系统上，研制出了氢能二轮助力车。

这些储氢材料可真是"身手不凡"呢！它们能存储比自己体积大上百倍的氢气。两个矿泉水瓶大小的储氢材料气瓶，就可以让你轻松实现一场百公里的微出行。

这些储氢材料还相当低碳环保。有数据显示，一棵树每年可以吸收并储存 4—18 千克二氧化碳，如果一辆氢能二轮助力车每年行驶 5000 千米，与普通的电动车相比，它每年减少的二氧化碳排放量，相当于种了 6 棵树！

你不妨大胆设想一下，如果未来有更多这样的氢能车投入使用，如果把储氢材料用在汽车、飞机等更多领域，每年减少的二氧化碳排放量会多么惊人。这个美好梦想，正在等你来实现呢！

备用电源　分布式供能　水下航行器　燃料电池汽车　燃料电池飞机

新装修房子里可能潜伏的
"影子杀手"是什么?

彩色的壁纸、崭新的家具、干净的地板……新装修的房子好漂亮啊，真想马上住进去。等一下！也许你还不知道，新装修房子里可能潜伏着许多"影子杀手"，尤其是这个让大家闻之色变的"头号杀手"——甲醛。

甲醛是一种对人体危害很大的物质，它没有颜色，气味虽然具有刺激性但不容易辨别，可以在无形中攻击人们的免疫系统。如果吸入过量甲醛，人们会出现剧烈咳嗽、呼吸困难、恶心呕吐等症状，甚至会造成青少年记忆力和智力下降。

更可恶的是，甲醛无处不在，新买的衣服、化妆品，甚至一些食物、被污染的空气，都可能含有甲醛！

小贴士

传统去除甲醛的方法包括：保持开窗通风；在房间里放置一些绿色植物；使用活性炭。但甲醛非常狡猾，这些方法并不能从根本上清除它。

好嚣张的甲醛！难道人们真的拿它没办法了吗？

当然不是！科学家们找到了它的克星，那就是光催化。

光催化？听起来似乎与大家熟悉的光合作用有些相似之处呢。

没错！光合作用是通过叶绿素这一催化剂，在太阳光的照射下，把水和空气（主要是二氧化碳）转化为有机物，并释放出氧气的过程。

光催化的过程和光合作用正好相反，光催化剂在太阳光的作用下，把有机物（比如甲醛）转化为二氧化碳和水。

看样子，"消灭"甲醛，光催化剂可是"头等大功臣"啊！

那光催化剂到底是怎么"灭"了甲醛的呢？

平时，光催化剂是很"文静"的"士兵"，可一碰到太阳光，就变得非常"兴奋"，而且能把周围的氧气和水分子的"兴奋劲儿"调动起来，把它们变成氧化性极强的活性氧。甲醛遇到活性氧后，就像是撞上了蜘蛛网的小虫子，不但"无路可逃"，还会被变成无毒的二氧化碳和水。

完成任务后，光催化剂就"冷静"下来，"乖乖"地变回原来的样子，并且自身并没有什么消耗。

怎么样，光催化剂的"战斗力"是不是很强？告诉你，还有更厉害的呢！

不仅仅是甲醛，光催化剂还能把其他污染物分解成水和二氧化碳，而且能破坏细菌的细胞膜和病毒的蛋白质，从而杀灭细菌和病毒。所以它能在空气净化、水净化、自净化、杀菌消臭、防污防雾等方面"大展身手"。

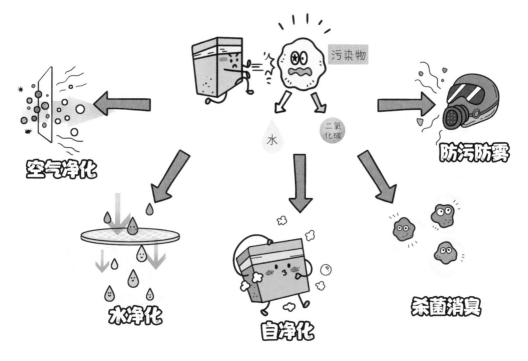

看，光催化剂和光催化技术有这么多用处，真得好好用起来才行！可是，在二三十年前，我们国家的光催化技术还是零基础。

想要实现从0到1的突破，其中的难度可想而知。但是有一位科学家决定迎难而上，他就是有着"中国光催化技术之父"美誉的付贤智院士。

1997 年，付贤智从国外学成归来，开始了他的光催化研究。当时，为了留住这位优秀的中国学者，外方提出了很多条件："杰出科学家"身份、永久居留证（绿卡）、高薪等。可是这些并没有动摇付贤智回国的决心，他认为自己出国就是想看看别人怎么做科研，向他们学习先进的科研方法，回来报效祖国。他甚至把儿子一到五年级的课本都带了出去，为的就是回国后孩子的功课能跟国内衔接上。他还经常和家人念叨："学成后一定要回国建个实验室。"

现在，实验室有了，但这样一间简陋的、只有 20 多平方米的小屋，仅靠一台仪器怎么做研究呢？

难道要等科研经费"从天降"？没有先进的仪器就做不成研究吗？付贤智可不这么想！他说干就干，带着几个年轻人，一头扎进了这间不大的实验室里，开始了光催化技术的研究。

做实验、下车间，一个项目一个项目地做……付贤智把这间小小的实验室当成了自己的家。他说："做科研，都是一步步干出来的。"

　　终于，付贤智一步一步地从曾经的简陋小屋走了出来，创建了我国光催化学科领域第一家研究机构——福州大学光催化研究所。

　　心愿终于实现了，可是爱钻研的付贤智并没有止步于此，他将目光又投向了光催化的应用领域。

　　如果将科研成果应用到实际生活中，不就可以为国家和人民所用了吗？如果能做出属于中国自己的光催化产品，那该有多好啊！付贤智是这么想的，也是这么做的。

　　2002 年，付贤智成功研制出了中国第一台光催化空气净化器，填补了我国光催化技术在应用领域的空白。

　　2003 年在抗击"非典"期间，他带领团队研制的光催化空气净化器和光催化抗菌口罩，被用于北京"非典"治疗定点医院的消毒与防护，为抗击"非典"作出了重要贡献。

光催化抗菌口罩

光催化研究所

2003

2002

光催化空气净化器

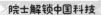
光催化的作用还远不止这些呢！

北京冬奥会期间，响当当的十大消毒杀菌创新高科技，光催化就占有一席之地。这台紫外光催化复合消杀机，是付贤智团队科研攻关的新成果。只要用它照射短短 5 秒钟，就可以消杀 99.9% 的病菌，是国内在这个领域的一项重大突破，而且因为方便、快捷、不会污染环境，实用性很强。

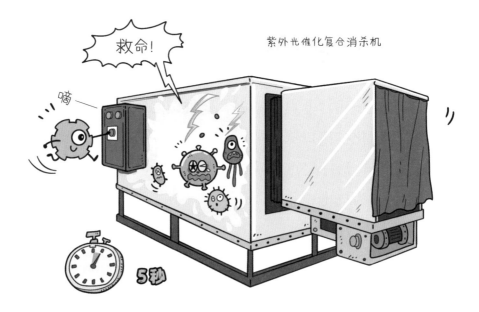

谈到光催化的前景，像付贤智这样的科学家们内心充满了自豪与激情，他们坚信只要不懈努力，光催化一定可以更好地造福人类、改变世界！

光催化还能做什么？它还有哪些神奇功能？这些答案正在等你去探索和发现！

你还记得《小壁虎借尾巴》里那只掉了尾巴的小壁虎吗?

小壁虎到处借尾巴,可最后它惊喜地发现,自己又长出了新尾巴。你是不是觉得小壁虎的这个"超能力"很厉害?

这种"超能力"其实就是"再生"。

小贴士

再生是指生物体的器官损伤后,在剩余部分的基础上又生长出与原来形态功能相同的结构的现象。比如螃蟹的腿断掉以后,在合适的环境里还能再长出来;被切成两段的蚯蚓,在一定条件下可以长成两条新蚯蚓;蝾螈不但能再生出四肢和器官,甚至还能重新长出脑组织。

我们人类是否也拥有这样的"超能力"呢？

可惜，截至目前，答案是否定的。

你可能会说，我的手划伤后过几天伤口就愈合了，不是再生吗？的确，我们的皮肤、骨骼等在损伤后具有一定的自我再生修复能力，但人体大部分的组织器官，如心脏、神经、软骨，都没有这种能力。

所以，"再生医学"诞生了。再生医学材料是再生医学一个不可或缺的部分。

兄弟们，上！

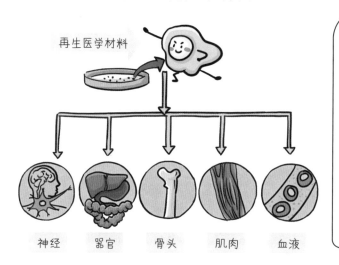

再生医学材料

神经　器官　骨头　肌肉　血液

小贴士

再生医学就是通过科学的方法在人体里再生出一个新的组织，替换或修补因为疾病而丢失或受伤的人体细胞、组织或器官。科学家们开发的用来再生人体组织的生物材料，被称为再生医学材料。

你也许已经知道，细胞是生命的最小单位。细胞的生长、分化、衰老、死亡，决定了生命从诞生、发展到死亡的全过程。

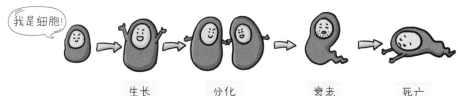

我是细胞！

生长　　分化　　衰老　　死亡

就像我们每个人都有家一样，细胞也不是孤立存在的，它们必须贴附在一些天然的材料上才能活下来并发挥它的作用。这些天然材料被称为"细胞外基质"。

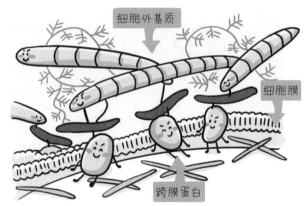

再生医学材料就是科学家给细胞"建造"的新"家"。这个"家"不仅能模拟细胞外基质，为细胞的生长提供良好的环境，还能"指挥"细胞发挥自己的作用，把重要的治疗"药物"运输到损伤的部位，激活再生潜能，从而帮助受损组织器官再生修复。

不仅如此，科学家还发现，建造这个"家"的材料本身的特性，比如它的组成、结构、表面特性，也都能成为"指挥"细胞的重要信号。也就是说，这些材料具有组织诱导性，因而也可以被称为"组织诱导性生物材料"。

更让人惊叹的是，当新的组织器官慢慢长成，这个"家"完成了自己的使命后，就会逐渐地被降解替代，消失不见。

你可能并不知道，在这一发现的背后，有着一份 30 多年的坚持。

1990 年，研究固体物理的张兴栋和他的学生发现，被他埋进动物肌肉和皮下的一块多孔的磷酸钙陶瓷，居然"变"成了一块真骨头！

小贴士

磷酸钙陶瓷是生物材料的一种，具有良好的生物可降解性。

磷酸钙陶瓷

没有生命的材料怎么就"变"成了有生命的组织？

如果能揭开这里面的奥秘，那很多病人不就有希望了吗？

想到这里，已经 52 岁的张兴栋毅然把自己的研究重点转到了再生医学材料。

"因为这是国家的需要。"回忆起那时的决定，张兴栋院士说。

在给近 200 只动物做了相同的实验后，1991 年，张兴栋满怀信心地在意大利世界生物陶瓷大会上提出自己的结论："骨诱导性生物材料"，即无生命的生物材料可以诱导有生命的骨形成。

谢谢科学家给我生命。

当时国际上普遍认为材料不能诱导组织再生，一个没有生命的东西怎么可能诱导有生命的组织形成呢？这简直就是天方夜谭！质疑声一次次撞击着张兴栋的耳膜："他一个学物理的懂细胞生物学和分子生物学吗？想法怪异……"

张兴栋并没有退缩，一直坚信自己的结论，因为它"来自我的真实的实验，来自事实"。

为了验证他的结论，国外派来专家进入他的实验室，和他一起做实验。最终，事实让他们不得不承认，张兴栋的结论是正确的。张兴栋成为世界上首个发现并确认材料可诱导骨形成的人。

此后，张兴栋不断证实并发展自己的理论，首次在世界上提出"组织诱导性生物材料"这一概念。为此，他坚持做了大量实验："科技创新需要大胆的想象、严谨的实验和坚持不懈的努力，用数据、用事实说话。我从来没有想过要放弃！"

2018年，国际生物材料定义共识会将"组织诱导性生物材料"列入"生物材料定义"清单，这是由我国科学家首次提出的国际公认的生物材料定义，被来自世界各地参加会议的专家称为"新一代生物材料的概念"。

现在，科学家们在这一概念的基础上，相继研发出了形形色色的再生医学材料，用来修复我们的皮肤、骨骼、软骨，甚至有科学家正在研究可以修复神经、角膜、血管和心脏的材料。

看来，我们人类离拥有像壁虎一样"超能力"的日子并不遥远，你愿意为缩短这一时间而努力吗？

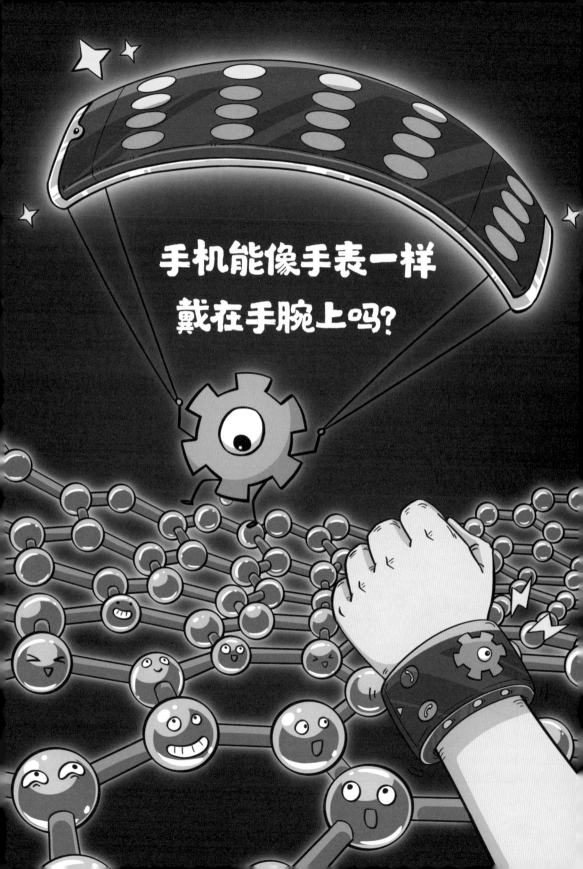

你见过智能手机吗？

这还用说！太常见的东西啦！不就是一个方块，有的厚一点，有的薄一点，人们用指头在它亮亮的屏幕上点一点，就可以完成很多事情嘛。

那你见过可以戴在手腕上的智能手机吗？

什么？不可能吧！那手机屏还不得折弯了，这一折肯定就碎了吧！

哈，这种不可能现在已经变成了可能！有了神奇材料石墨烯的帮助，手机屏就能变得很柔软，而且弯曲着也能显示时间、文字等内容，这样手机就可以像手表一样戴在手腕上啦！

石墨烯是什么呢?

石墨烯是碳材料"家族"的新成员,在它的"身体"里,是紧密排列成六边形蜂巢状的碳原子。石墨烯在2004年被发现,2010年它的发现者就因此获得了诺贝尔物理学奖。

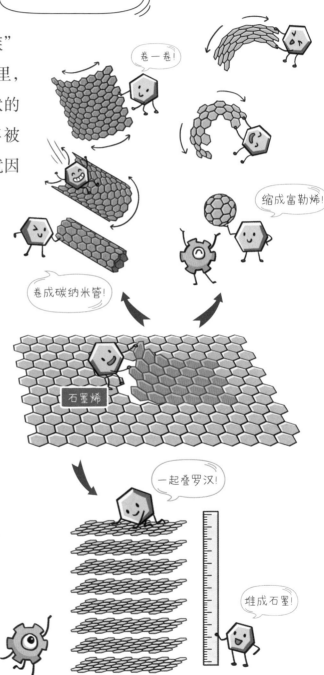

卷一卷!

缩成富勒烯!

卷成碳纳米管!

石墨烯

一起叠罗汉!

堆成石墨!

小贴士

碳材料是个大家族,主要有这样一些好"兄弟":富勒烯、碳纳米管、碳纤维、石墨烯、石墨炔、金刚石(钻石)、石墨等。它们的"长相"不同,"性格"不同,彼此间的"远近亲疏"也不同,其中石墨烯、富勒烯、碳纳米管、石墨这四"兄弟"可以说最为"亲密"。简单来说,石墨烯是单层的石墨片。一片石墨烯,如果缩成一个球,就成了富勒烯;如果卷起来,就成了碳纳米管;如果一层一层堆起来,就成了石墨。

石墨烯有什么"过人之处"呢?

石墨烯很薄。它只有一个原子的厚度,差不多是一张普通纸厚度的二十万分之一。我们拿着铅笔在纸上书写,留下的铅笔痕迹中就很可能有上百层的石墨烯。

石墨烯很"强"也很硬。强度能达到钢的100倍,硬度在某些条件下可以和金刚石媲美。

石墨烯的承重能力惊人。重量相当于一根猫胡须的石墨烯单层薄膜,可以承受整只猫的重量!

石墨烯又很柔软。即便你随意弯曲它,它还能保持原来的结构,因此用石墨烯做的柔性屏可以让手机像手表一样戴在手腕上。

石墨烯还是目前世界上导电性能最好的材料，有"电子的高速公路"之称。因为它与众不同的结构，电子在石墨烯里可以"跑"得非常非常快，你眨一下眼的工夫，电子就已经"跑"了1000千米了。石墨烯的这个本事不仅远远超过硅材料，而且"秒杀"金属银，有科学家认为，它将替代硅作为芯片的主流材料。

石墨烯在导热方面也是"高手"呢。它的热导率是大家常见的金、银、铜的十几倍。

正是因为有这么多"过人之处"，石墨烯才会如此"抢手"：从功能服饰、散热材料（手机），到电池、涂料、润滑油，再到芯片、航空航天器件，石墨烯已经出现在我们生活中的方方面面。

材料性能大比拼

小贴士

石墨烯还是"变色龙"呢。平常看到的石墨烯粉体或石墨（层数超过10层）大多是"黑"的，但单层的石墨烯是透明的，可见光透过率可达97.7%。如果在光学显微镜下观察不同层数的石墨烯的话，还能看到不同的颜色，可以说是五光十色！

衣服里有了我，通电就可以发热了！

石墨烯发热服

芯片

航空航天器件

自从被发现，石墨烯就引起了全世界科学家的关注和热捧，更是被称为"新材料之王"，大家都想在这个领域抢占先机，中国的科学家自然也不会落后。

小贴士

我国在石墨烯领域取得了很多成果，如，发现能在"绝缘"和"超导"之间进行切换的"魔角"石墨烯，这对开发室温超导体具有重大意义；实现了8英寸石墨烯晶圆的小批量生产，为国内芯片研制迈出了关键一步；制备出能高导热的石墨烯基碳纤维；将石墨烯散热材料用在多款手机产品中……

2018年，全球最大的石墨烯领域研发机构——北京石墨烯研究院由刘忠范院士创建。在刘忠范的带领下，北京石墨烯研究院定下了自己的奋斗目标——为我国石墨烯的研究和应用"开山探路"。

这个目标可真是不小！要怎么做到呢？

我喜欢轻音乐。

我喜欢摇滚。

用凉白开洗澡。

"一是保持好奇心；二是要有耐心与毅力，失败的时候不轻言放弃。"刘忠范说。

刘忠范从小就是个充满了好奇心的孩子，他总是要亲自试验一下从书上看到的东西，比如试着给辣椒、茄子听音乐，看看是不是真的有助于生长；试着用凉白开浇地，看看是否比生水更好……

长大后的刘忠范好奇心有增无减。他沉醉在石墨烯的研究中，并一直坚持着。他说："别的一概不做了，只做石墨烯，而且往前走，做'有用、实用'的石墨烯。"

1993 年，在国外留学 8 年的刘忠范带着导师赠给他的 60 多箱仪器设备回国，到北京大学建立起了自己的实验室。每天第一个来实验室的是他，晚上最后一个离开的也是他，寒来暑往，他做得踏踏实实。

"把一件事情做好，做到极致，做到别人做不到！"这是刘忠范一直的坚持。

带着这份坚持，刘忠范和团队终于在世界上最先开发出了把石墨烯和玻璃结合的"超级石墨烯玻璃"。他们用目前只有我们国家掌握的技术，让石墨烯可以在玻璃上直接生长。这样，原本就透明的玻璃因为有了石墨烯的"加盟"，不光能继续透光，还能导热、导电，用来做手机触屏、投影屏、智能窗、透明暖气片最合适了。

手机触屏

我可真厉害！

投影屏

智能窗

透明暖气片

然而，在刘忠范的眼里，石墨烯仍然有巨大的潜力没有被开发出来。那么，怎样才能找到非石墨烯不可的用途，即所谓的"撒手锏级"用途呢？刘忠范院士仍然在探索。你愿意跟上他的脚步，一路前行吗？

在《西游记》里，孙悟空为逼铁扇公主交出芭蕉扇，变成一只虫子钻进了她的肚子，上蹿下跳，疼得铁扇公主不得不就范。

人能变这么小吗？当然不能，但机器人可以呀！

它们不仅能像虫子这么小，纳米机器人甚至能比蚂蚁还要小很多。

今天，我们能制备的最小机器人长度只有几百纳米。

几百纳米到底有多小呢？

一个三年级的同学身高大约1.3米，而地球的平均直径大约有13000000米。如果把纳米机器人和这位同学同时放大，当纳米机器人放大到这位同学原来那么大时，这位同学的身高就已经接近地球直径啦！

小贴士

纳米机器人是科学家们用纳米大小的特种材料（如铂和铁），通过专门技术制备出来的具有特殊功能的机器人，它们能把外界的能量（如：化学能、光能、磁能、声能等）转化为让自身运动的能量。

1.3米

看得到我吗？

这么小的机器人能用来做什么？

用处可多了！纳米机器人可以去很多人类去不了的地方，比如钻进我们的身体里。不过，它们进去可不是干坏事啊！

医生们把药通过特殊材料（如水凝胶）放在纳米机器人上，纳米机器人就可以像送快递一样，把药送到人体有创伤的部位，从而进行治疗。

纳米机器人可不光能当"快递员"，它们还是"小医生"呢。它们在人体里可以像小电钻一样，把体内的"坏"细胞去除。

你可能会说，这么小的机器人，厉害是厉害，可要是来一阵风一吹不就不见踪影了？

纳米机器人"神"就"神"在这儿了！别看它们小，但是特别有"主见"和"骨气"，不会"随波逐流"，能控制住方向。

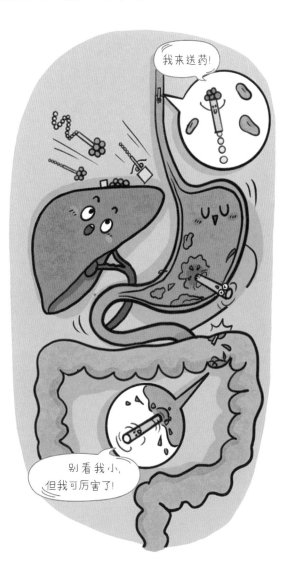

它们是怎么做到的呢？其实很简单，"喂饱"它们就行！

纳米机器人也"吃"东西？"吃"什么？这就不得不先说一下制备纳米机器人的材料了。

好吃！

纳米机器人通常由两种或两种以上不同的材料制成，包括金属材料（铂等）、生物医用材料（水凝胶等）、磁性材料（铁等）、热致形变材料（二氧化钒等）、光致形变材料（液晶等）等。

根据制备材料的不同，科学家们给纳米机器人喂不同的"食物"，就能让它们控制住方向了。

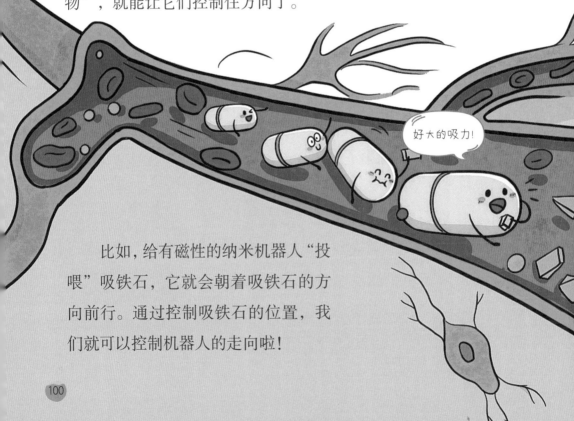

好大的吸力！

比如，给有磁性的纳米机器人"投喂"吸铁石，它就会朝着吸铁石的方向前行。通过控制吸铁石的位置，我们就可以控制机器人的走向啦！

纳米机器人还"吃"很多别的"食物"，比如光、电、热、液体、声波、化学燃料等。

虽然在"食物"的"引诱"下，纳米机器人能动起来，但在十几年前，它们动作比较慢，而且只有线型和球型两种"外表"。

怎样才能让纳米机器人动得更快？当时身在德国的梅永丰博士一心想要解决这个问题。

"对于新鲜的事物，我向来没什么抵抗力。"梅永丰开始不断尝试，寻找办法。2008年的一天，梅永丰突然想到：火箭可以靠喷火上天，纳米机器人是不是也能像火箭那样靠内部的"燃料"来推动呢？

跟我走！

　　说干就干，梅永丰和他的伙伴们开始了一次又一次的实验。可是，要制备出一种全新的纳米机器人哪是一两天就能干成的呢。

　　"行百里者半九十"，每当梅永丰遇到困难时，他就这样给自己打气。"越接近成功越困难，越要坚持到最后。"他说。

　　最终，梅永丰和伙伴们发现，用催化剂铂材料来"吃"双氧水燃料，可以喷出氧气"泡泡"，这些"泡泡"就可以推动纳米机器人前进。就这样，世界上第一个纳米"火箭"机器人出现了，直接将纳米机器人的运行速度提高了5倍！

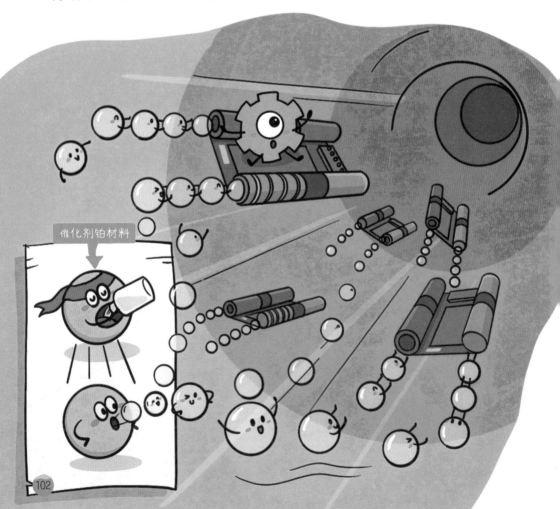

催化剂铂材料

有了这一发明，梅永丰本可以在德国过着舒适的生活，但他还是回到了祖国，和团队成员一起为国家研究新的纳米机器人。

充满了好奇心的梅永丰总是能从身边、从大自然中得到启发。2021 年他的目光被浮在水面的水黾吸引，于是，世界上第一个不需要"食物"，自己在水面上就能动起来的"水上漂"微型机器人在他们的实验室里出现了。

小贴士

在梅永丰的带领下，团队制备出了许多新的纳米"火箭"机器人，如披了"鲨鱼皮"的石墨烯纳米机器人、"尾鳍"引导式纳米机器人、多孔化纳米机器人、仿生"水上漂"微型机器人等。

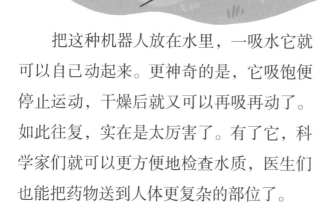

把这种机器人放在水里，一吸水它就可以自己动起来。更神奇的是，它吸饱便停止运动，干燥后就又可以再吸再动了。如此往复，实在是太厉害了。有了它，科学家们就可以更方便地检查水质，医生们也能把药物送到人体更复杂的部位了。

纳米机器人从无到有不过20年，未来的纳米机器人会是什么样的呢？希望到那时，看到这篇文章的你也能参与进来，一起见证纳米机器人的"千变万化"！

变身"小医生"！

咕嘟.

纳米千纸鹤机器人 →

机场，洋洋拉着妈妈的手，满脸的舍不得。原来，妈妈马上要去国外出差一个月。

妈妈抱着洋洋安慰道："别担心，就算咱们离得很远，也可以打视频电话啊。有那么一根玻璃丝在，你随时可以见到妈妈！"

一根玻璃丝？

是的，这根玻璃丝叫光纤。

它细细的、透明的，而且有着一定的柔韧度，因为能够引导光沿着它跑，所以人们称它光导纤维，简称光纤。

对，又不对！把洋洋和妈妈联系在一起的光纤其实叫石英玻璃光纤，它的主要成分是石英，化学名称是二氧化硅。它和我们日常用来建房子的沙子的主要成分是相同的，但制造光纤的材料需要有很高的纯度，所以必须想办法除去杂质。

小贴士

当一束光从水里照向水面时，光分两路，一路被水面（空气和水的交界处）反射到水中，另一路则会偏离一个角度射到空气中。随着光线照向水面的角度不断减小，最终会出现透出水面的光与水面平行的情况。继续减小角度，光线就会全部反射到水中，这种现象就叫作"全反射效应"。

全反射效应

真有趣！

其实，除了玻璃（石英），塑料也可以用来制造光纤，满足不同的需要。

光纤为什么能让光沿着它跑呢？因为有全反射效应在起作用。

光纤很厉害吗？

当然！一条高速公路有 10 个车道，就已经超级宽了。但如果我告诉你，光纤就好比是有上万个车道的信息高速公路，你是不是很惊讶呢？

正是因为有这个本领，光纤被人们用来进行长距离的信号传递，它支撑了全球通信和互联网的高速传输，不仅仅把洋洋和妈妈连在了一起，而且把整个世界都连在了一起。

在光纤发明之前，人们用电缆传输信号。不过，用电缆传输，信号传不了多远就会变得微弱又模糊，因此需要设立很多接力站，用来放大和修正信号。这样一来，人们要投入很多钱。如果只是近距离用用还凑合，但要打越洋电话就会很贵，而且通话质量也不好。

光纤就不同了！它比电缆轻很多，安装起来方便；在传输数据的时候，就像一辆辆拉满了旅客的"复兴号"，不仅坐的"数据客人"多，还速度快，能一口气"跑"很远，不同的"复兴号"之间还互不干扰，最关键的是"票价"还很低。

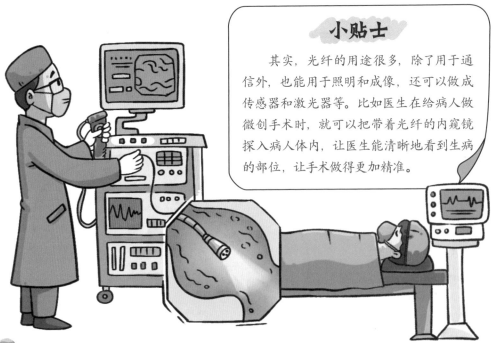

小贴士

其实，光纤的用途很多，除了用于通信外，也能用于照明和成像，还可以做成传感器和激光器等。比如医生在给病人做微创手术时，就可以把带着光纤的内窥镜探入病人体内，让医生能清晰地看到生病的部位，让手术做得更加精准。

光纤真是个了不起的发明啊！有了它，我们在网络世界里就能更自由地"遨游"了。

在20世纪70年代初，光纤在我们国家完全是个"异想天开"的事物。

那时，武汉邮电学校的年轻教师赵梓森正在苦苦寻求光通信技术的突破。

一天，他偶然通过一本杂志了解到国外的"光纤通信"。玻璃丝还能通信？他敏锐地意识到这个想法"有门儿"。于是，他提出要在国内发展"光纤通信"项目。

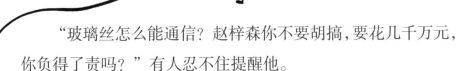

"玻璃丝怎么能通信？赵梓森你不要胡搞，要花几千万元，你负得了责吗？"有人忍不住提醒他。

但他不为所动，并且坚信这条路能走得通。

他和几个志同道合的同事把实验楼厕所旁边的一间清洗室"改造"成一间"实验室"。没有现成设备，就用旧机床加工。没有精密调准器，就用螺丝钉加橡皮泥拼接。再加上电炉、试管、酒精灯这些简易的实验设备和一些基础原料，自主研发光纤之路就这样开启了。

螺丝钉 + 橡皮泥

电炉

试管

酒精灯

在一次实验中，试剂不慎从管道溢出，生成的氯气和盐酸冲进了赵梓森的眼睛和嘴里，他当场昏迷。同事们赶紧把他送进医院抢救。

医生一见赵梓森顿时愣住了，他的眼睛肿得厉害，口腔发炎，直淌黄水。这该如何抢救呢？医生也没遇到过这种情况！

这时，赵梓森刚好苏醒过来，他说："用蒸馏水冲眼睛，打吊针。"2 小时后，稍有好转的赵梓森又回到了实验室。

多年后他回忆说："对待困难要有百折不挠的勇气；对待事业要有献身精神，这样才能成功。"

正是这种精神，激励他克服种种困难，并最终取得了成功。

1976 年 3 月，在那间简陋的实验室里，一根长度为 17 米的玻璃细丝——中国第一根石英光纤，从赵梓森手中缓缓"流"过。

3 年后，赵梓森团队拉制出中国第一根具有实用价值的低损耗光纤。自此拉开了中国光纤通信事业的序幕。这虽然不是世界上的首次，但这是中国在没有依靠任何外国技术的情况下研制成功的通信光纤。

进入 20 世纪 80 年代后，赵梓森率领团队先后完成了数十项光缆通信架设工程，而且不断刷新长度纪录。1993 年完成的"京汉广工程"（北京—武汉—广州），全长 3046 千米，跨越北京、湖北、湖南、广东等 6 个省市，是当时世界上最长的架空光缆通信线路。

如今，由赵梓森院士等科学家开创的中国光纤事业已经蓬勃发展了 40 多年，中国也已经成为世界光纤强国。你愿意像赵梓森院士那样，做一个"追光的人"吗？期待你的加入！

小贴士

为防止周围环境及气候的损害，如水、火、电击等，光纤在使用前必须包上保护层，这样的缆线就叫光缆。

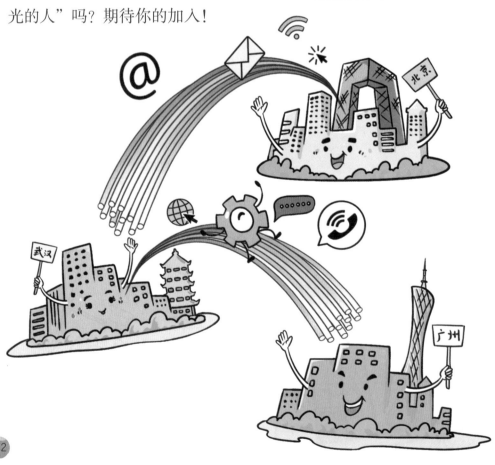

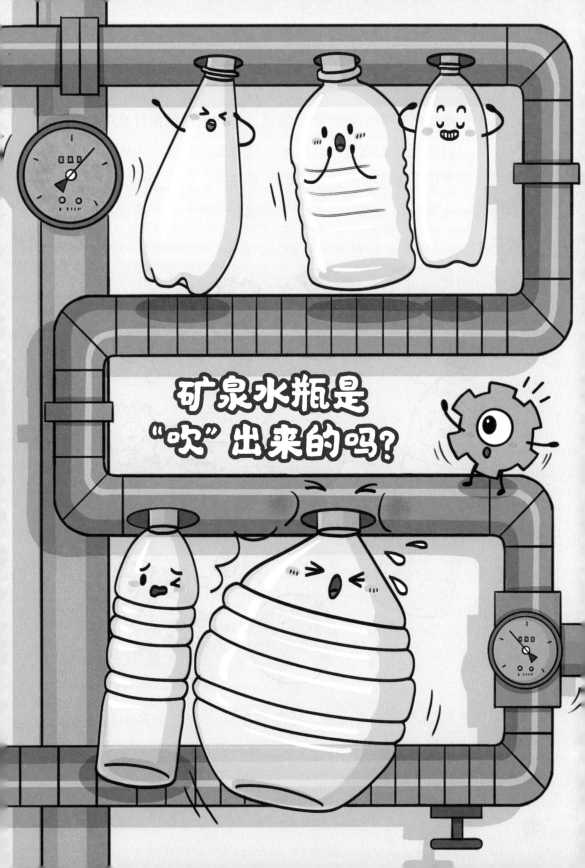

一个小小的矿泉水瓶，除了装水，你知道还能做什么吗？

你可以在瓶身上划开一道口子，它就能变身为一个你专属的存钱罐；或者剪下瓶底，挤进你爱吃的番茄酱，它就变成一个小小的调味碟；还可以在瓶盖上戳许多个小洞洞，装上水，给你种的花草浇水……

用塑料制成的矿泉水瓶，还能在生活中有这么多小妙用！其实，不光是矿泉水瓶，我们的生活已经离不开塑料制品了，比如垃圾袋、包装盒、拖鞋、电风扇等。

那你知道塑料是什么吗？

人们常说的塑料，是一种合成高分子材料，一般通过加工石油、煤、天然气等制成。

塑料"家族"是个大"家庭"，成员们也都有自己的"个性"，有的坚硬如石，有的柔软如纸；有的一遇到火就变软，有的在火上烤也不会变软。人们根据这些不同，把它们派上不同的用场。比如，有些被派去保护禾苗宝宝，给它们搭建温室；有些被派去给房子"添砖加瓦"；还有些被派去造飞机、火箭……

小贴士

高分子材料分为天然高分子材料和合成高分子材料。淀粉、棉花等属于天然高分子材料；塑料、橡胶等属于合成高分子材料。

棉花　　　橡胶轮胎

造飞机

盖房子

搭建温室

我们给禾苗宝宝搭个温暖的房子.

我们给禾苗宝宝盖好被子.

聚四氟乙烯

塑料王

不怕酸！

不怕碱！

小贴士

与一般塑料遇热会变软、熔融不同，聚四氟乙烯能在180—260摄氏度的温度下长期使用，不怕酸、不怕碱，几乎所有的溶液都难以将它溶解，号称是当今世界最耐腐蚀的材料之一，被称为"塑料王"。

这些有着不同本领的塑料都是怎么来的呢？原来，用不同的方法来加工制造它们就可以了！其中有一种"神奇"的方法叫吹塑，我们常见的矿泉水瓶等各种塑料瓶就是用这种方法"吹"出来的。

好厉害！

"吹"瓶子？就像吹气球那样吗？

当然不是了！

气球一般是用橡胶做的，大家轻而易举地就能把它吹起来。而"吹"瓶子就要用到机器了。

你打过针吧？护士把药水吸进注射器，然后推动内管，通过针头把药水打进身体。有趣的是，用来"吹"瓶的机器叫"注射机"，而"吹"的材料是塑料。

人们先把一颗颗塑料颗粒装到注射机里，但这时候还不能"吹"，需要把这些颗粒加热加压，熔化它们。接着就像打针那样，把熔融的塑料注入瓶子的模具里，再拉伸、吹气，瓶子就被"吹"出来了。

但这时的瓶子还没法用，因为还是软的，是在超过 100 摄氏度的温度下"吹"出来的，所以，还需要让它待在模具里"冷静"一下，才能成为我们常见的塑料瓶。

如今，不光这些"吹"出来的塑料瓶，其他塑料制品也早已无处不在，更有科学家称：21 世纪是高分子材料的时代！

然而，如果时光倒流 70 多年，塑料制品在我们国家还是种稀罕物件，别说各种各样的塑料瓶了，就连一颗塑料纽扣都很难买到。

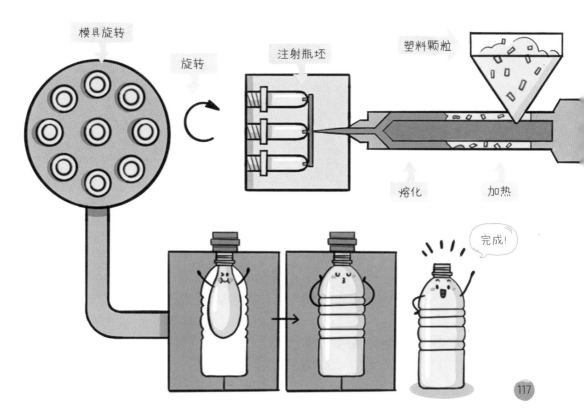

这翻天覆地的变化是怎么发生的？

这还得从有着"中国塑料之父"称号的徐僖院士说起。

徐僖院士的青少年时期是在战火纷飞中度过的。他从小就立下志向："生为中国人，要为中华民族争气，为祖国的富强鞠躬尽瘁。"

那时，我国由于技术的限制，从石油中提炼塑料的难度非常大。还在浙江大学求学的徐僖偶然从一种叫五倍子的植物中得到了启发。有没有可能用它来研制塑料？

带着这个疑问，1947年，徐僖踏上了去美国学习、实习的道路。

可是在美国，并没有以五倍子为原料生产塑料的工厂，很多工厂还因为他是中国人不肯接受他。在外国教授的担保下，徐僖才在一家工厂获得了实习机会。

这并不意味着就能顺利实习了，因为工厂里很多区域都不让外国实习生进入。

不让学，那就想办法学！想要在短短的 100 多天里掌握这家工厂的全部技术，怎么办？他有自己的绝招，那就是多和工程技术人员交朋友。

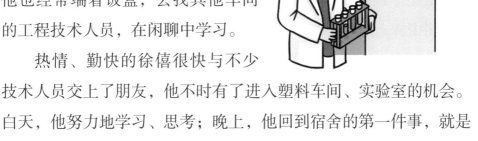

徐僖特意承担起临近下班时去各研究室回收药剂的工作，碰到下班出来的人，便热情地打招呼，聊几句，顺便问问车间的情况。午餐时，他也经常端着饭盒，去找其他车间的工程技术人员，在闲聊中学习。

热情、勤快的徐僖很快与不少技术人员交上了朋友，他不时有了进入塑料车间、实验室的机会。白天，他努力地学习、思考；晚上，他回到宿舍的第一件事，就是把白天学习到的内容记录下来。

慢慢地，徐僖掌握了先进技术，并制订出用五倍子生产塑料的实验方案。

借助美国的实验设备，一年后，他终于证实了自己的设想，制得了五倍子塑料。这是世界上第一次研制出的以五倍子为原料的塑料！

　　这在当时是项宝贵的技术，也是我们国家特别需要的！想到这里，徐僖毫不犹豫，在中华人民共和国成立的前夕，冲破重重阻碍回到了祖国。"我的最大心愿是我们的祖国富裕强盛，中国人能在世界上普遍受到尊重。"

　　1951年春，徐僖带着团队成员开始采用自己设计的设备和工艺流程，开发五倍子塑料。

　　1953年5月，重庆倍酸塑料厂正式投产。这是第一个由我国工程技术人员自主设计，完全采用国产设备和国产原料的塑料工厂。徐僖由此开创了一条全世界从未有过的颠覆性创新路——不消耗石油，用山林土产及农副产品等非粮食原料制取塑料！

　　在我们习以为常的塑料背后，原来有这么曲折的故事！正是因为前人的奉献与创造，我们现在的生活才能如此轻松便捷。你是否愿意为我们以后更美好的生活继续努力呢？

人们制取塑料又有新原料啦！

石油

清晨，第一缕阳光照耀大地，天安门广场的升旗仪式开始了。庄严的国歌声中，鲜艳的五星红旗冉冉升起，迎风飘扬，看得人心潮澎湃。

你有没有想过，如果我们把五星红旗从地球带上月球，会是什么情况呢？

答案在 2020 年 12 月 3 日这一天揭晓啦！

这一天，嫦娥五号探测器完成了为期两天的月球采样任务，准备起飞回家。起飞前，令人心动的一幕出现了，一面五星红旗以独特的方式展现在人们眼前。

没有国歌，没有升旗手，没有护旗手，更没有帅气的甩旗尾动作，这一次，五星红旗在月球表面首次实现了"独立展示"。这一次，静谧的月球上，"中国红"格外鲜艳。

人们看到，月球上的这面国旗平平整整，没有一丝褶皱，和地球上迎风飘扬的五星红旗完全不同。

小贴士

其实，让国旗在月球上顺利展开并不是一件容易的事情。科学家们设计了一个精密的国旗展开系统，整套系统在折叠状态下长约半米，像一个超大号的"月光宝盒"。当嫦娥五号着陆月球后，国旗展开系统接收到指令，自动解锁打开。

为什么会这样呢？

这和月球表面的情况有关。

月球不像地球那样拥有厚厚的大气层，也就没有人类赖以呼吸的空气。白天，当太阳光照射在月球上的时候，由于没有大气的阻隔，月球表面上日光非常强，温度非常高，比开水的温度还要高！到了夜晚，温度又降到很低，所以昼夜温差超过300摄氏度！

至于地球上的昼夜温差，最多也就50摄氏度。地球上常用的国旗材料无法承受这么大的温差，遇到这种极端情况，早就变形了。

煎个蛋。

白天 130 摄氏度

小贴士

地球上的五星红旗常用的材料，主要是一种叫作"涤纶"的人造布。这种布非常光滑、轻，又非常结实，就算是风吹日晒雨淋，也不会变形损坏，而且很容易清洗。

阿嚏！

晚上零下 183 摄氏度

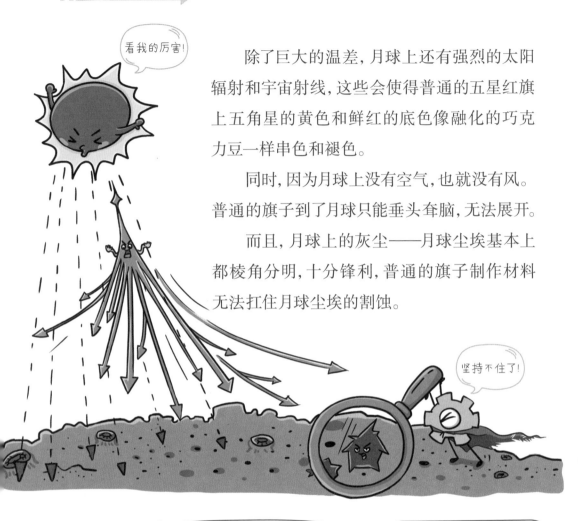

除了巨大的温差，月球上还有强烈的太阳辐射和宇宙射线，这些会使得普通的五星红旗上五角星的黄色和鲜红的底色像融化的巧克力豆一样串色和褪色。

同时，因为月球上没有空气，也就没有风。普通的旗子到了月球只能垂头耷脑，无法展开。

而且，月球上的灰尘——月球尘埃基本上都棱角分明，十分锋利，普通的旗子制作材料无法扛住月球尘埃的割蚀。

用什么样的材料才能做出适合月球表面的国旗呢？

武汉纺织大学教授徐卫林带领科研团队接受了挑战！

在参与月面国旗研制的过程中，徐卫林带领团队对几十种材料进行一系列试验，在

小贴士

除了涤纶和芳纶外，日常生活中还有其他合成的纺织材料：结实耐磨的锦纶、蓬松柔软的腈纶、物美价廉的维纶、比水还轻的丙纶，以及别具一格的氯纶。

近乎"苛刻"的质量要求下，最终研制出以国产高性能芳纶纤维材料为主的复合材料作为国旗面料。

为了实现"旗开月表"，徐卫林带领团队历时 8 年攻关，他鼓励大家："解决国家的需求，是最有意义的科研。10 次实验 9 次失败，但有 1 次成功，就是历史性的突破。"

月面国旗用的芳纶究竟有多厉害呢？

你们力气太小了！

温度正好！

200 摄氏度 200 摄氏度 200 摄氏度

它可是一种特殊的纺织品。首先，它有更优异的力学性能，也就是说怎么拉也拉不坏。其次，它非常耐热，即使温度高达 200 摄氏度，也完全没问题。最后，在紫外线或宇宙射线长时间辐射下也不会损坏。而且，因为结合了可以固定颜料粒子的新技术，芳纶织品的颜色不会串色和褪色。

宇宙射线 宇宙射线 宇宙射线 紫外线 紫外线 紫外线

我"百毒不侵"！

就这样，经历了数不清的失败与挫折，他们始终坚持，并一点一点地向目标靠近。终于，他们成功了，纺织品也成了大国重器的一部分！

就这样，继"登陆"月球之后，纺织开始了一次次的突破。

天问一号探测器要成功"登陆"火星，就要度过"魔鬼9分钟"，在这9分钟里，高科技纺织可是发挥了大作用！

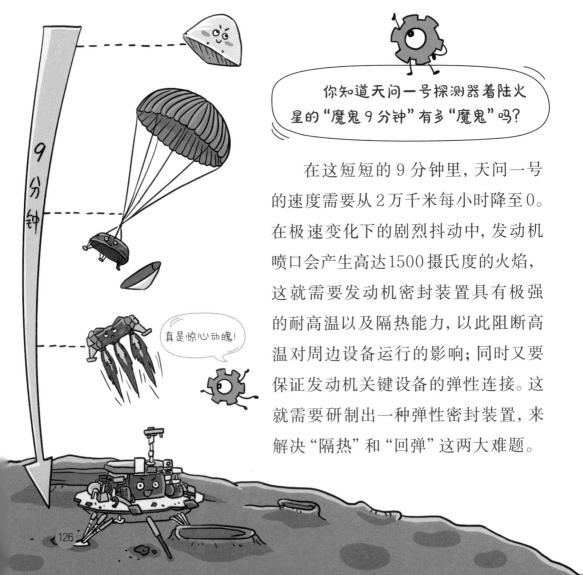

你知道天问一号探测器着陆火星的"魔鬼9分钟"有多"魔鬼"吗？

在这短短的9分钟里，天问一号的速度需要从2万千米每小时降至0。在极速变化下的剧烈抖动中，发动机喷口会产生高达1500摄氏度的火焰，这就需要发动机密封装置具有极强的耐高温以及隔热能力，以此阻断高温对周边设备运行的影响；同时又要保证发动机关键设备的弹性连接。这就需要研制出一种弹性密封装置，来解决"隔热"和"回弹"这两大难题。

什么材料既能耐受1500摄氏度的极端高温,又能保证100%的回弹呢?

徐卫林团队又让纺织"出手"了! 他们遍查文献,反复试验,却发现,无论什么材料都无法同时满足这两个条件。

于是,他们打破思维定式,将问题进行分解,创新性地提出将隔热与弹性功能分开设计,再复合编织,这样既能保证探测器的稳定性,又能有效解决100%回弹的问题,最终达到所要求的技术指标。

带着问题做科研,这是徐卫林跟随恩师姚穆院士学习以来,悟出的一个路径和方法。在他看来,问题可以逼着我们学习更多的东西,从而进一步拓宽自己的知识面。每当问题解决,迎来新的局面,他都会乐呵呵地抛出他的口头语:"嘿,有点趣味性哟!"

你肯定好奇他为什么能这么坚持吧，其实关键就是"韧性"。他说："我小时候放牛就不是放得最好的，上小学、初中、高中都不是班上最好的。但我发现，到最后，人生就是一场马拉松，你要有'韧性'地跑。"

是啊，就是凭借科技工作者们这股"韧性"，纺织的攻关升级变成一件有趣的事情。

你看，纺织不仅衣被天下，而且上天入地，处处都可有纺织。同学们，期待长大后的你，一起来研究啊！

北斗卫星的"翅膀"
是用什么做的?

2020 年夏天，我国第 55 颗北斗卫星成功发射，并在太空张开了"翅膀"。至此，我国自行研制的北斗三号全球卫星导航系统组网卫星已全部到位。

过去，北斗星辰犹如宇宙中的一座灯塔，指引着人类前行的方向；今后，我们的北斗卫星在浩瀚星空闪耀，将为全人类作出更大贡献。

在浩瀚的星空下，北斗卫星看起来就像是一座座带着翅膀的房子，而这些"翅膀"甚至"房子"本身都是用一种叫作碳纤维的复合材料做的！

北斗卫星能够闪耀太空，碳纤维功不可没！

小贴士

碳纤维是一种含碳量在 90% 以上的高强度复合纤维材料。人们用人造有机纤维作为原料，经过高温转化处理而得到它。它其貌不扬，但实际上"本领高强"。

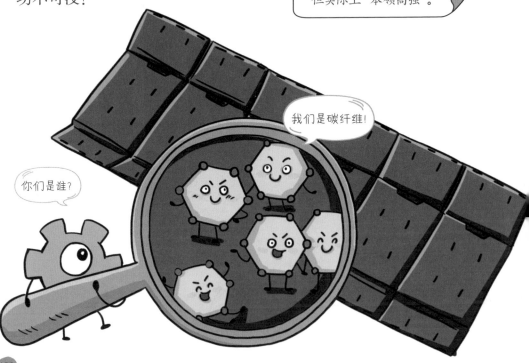

你们是谁？

我们是碳纤维！

为什么要用碳纤维，而不用钢铁、铝合金等金属材料来造北斗卫星呢？

碳纤维很细。它的直径只有 5—10 微米，4—8 根合在一起才和一根头发丝差不多粗。

头发丝

碳纤维

这和碳纤维神奇的特性有关！

碳纤维很轻。它的密度是钢的五分之一，钛的五分之二，铝的五分之三。用它做的自行车，只有 5 千克重，相当于 10 瓶 500 毫升的矿泉水。

碳纤维很厉害。它的强度很高，通常一束 12000 根的碳纤维，可以拉起一头 130 千克左右的豹子。而且碳纤维非常耐高温，在 3000 摄氏度下依然安然无恙。

姓名：大花
体重：130千克

再回到咱们的北斗卫星。因为卫星上要装足够多的仪器设备，这就要求它自身的重量要足够轻，所以用碳纤维制成的复合材料是非常好的选择。

同时，卫星的天线、相机等设备要求很高的精度，要解决变形的问题，碳纤维正好又有这方面的优势。因此，现在的北斗卫星的很多部件都是用碳纤维复合材料做的。

既然有"材料之王"的美誉，碳纤维的应用当然绝不止于北斗卫星。

小贴士

虽然碳纤维有那么多优点，可是生产它需要经过上百道工序，是一个千锤百炼的过程。而且，因为制备非常难，所以价格非常贵。

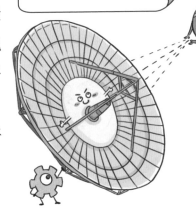

因为它有比金属强度高、比金属重量轻的特性，世界上先进的战斗机机身基本上都使用碳纤维复合材料。而且，碳纤维还可以透过电磁波，从而实现飞机的隐身呢！此外，在交通、建筑、新能源、医疗等多个领域也能看到它忙碌的身影。

1962 年，李仍元、张名大、吴人杰等科学家先后开展了碳纤维研制工作。但是直到 2000 年，仍无法做到大规模生产。由于制备技术久攻不下，不少研究单位都对"碳纤维"三个字避而远之，碳纤维材料国产化研发也因此陷入最困难的低谷期。

那时，我国碳纤维主要依赖进口，但国外对军用碳纤维材料严格禁运，更不要说技术转让了。因此我们的火箭、导弹、卫星和飞机等重要装备用的碳纤维根本得不到保证，甚至到了告急的地步。

碳纤维材料国产化研发，困扰着已经80岁高龄的战略科学家师昌绪先生，成了他的一块心病。

当年，年轻的师昌绪在美国就是学术新星，在美国明令禁止回到中国的留学生名单中，他的名字赫然在列，可他一直心心念念地要回到中国。合作导师问他是不是嫌工资低、职位低？他说："这些都不是我要回国的原因。我是中国人，应该回中国去，现在中国十分落后，需要我这样的人。"

1955 年，师昌绪终于如愿回国了。他说："人生观定了以后，它就永远不会变。我的人生观就是要使祖国强大。"他为此默默地奉献了他的一生。

面对我国碳纤维研发几十年来一直"攻而不克"的问题，有人认为，这是一块"最难啃的骨头"，劝他"苦海无边，回头是岸"，可师昌绪说："国外不会给我们碳纤维，回头的岸是没有了，但中国要崛起，必须有高性能碳纤维……我们绝不能轻言放弃，我送 8 个字——苦海有边，回头无岸。"

在师昌绪先生的推动下，中国进入了碳纤维自主研发的快车道，打响了全国性的科技协同"攻关战"。

此后的 10 多年，虽然年岁已高，但他仍然坚持带着年轻的科技工作者们到企业里进行调查、指导，一直跟踪碳纤维的研发、生产与应用，"自主创新""降低成本"是他经常挂在嘴边的词儿。

这一天，苦苦研究了 10 个月的数据终于出炉了，可是居然没有一个能达到国外的最低标准。压力之大，前所未有。师昌绪怎么能低头呢？他说："如果碳纤维搞不上去，国防航空就被卡了脖子。拖了中国国防的后腿，我死不瞑目。"

　　就这样，全国科学、技术和工程人员经过 10 多年的艰苦奋战，终于突破了碳纤维制备关键技术和工程化瓶颈问题，实现国产碳纤维的规模化生产。目前，国产碳纤维的产量已经占全球的 30% 以上，我国已成为碳纤维的制造大国。

　　如今，高性能碳纤维这一卡了中国人几十年脖子的关键材料，不但实现了"从无到有"，而且正向"从有到优"顺利发展。

　　未来，以机器人为代表的智能装备、探索太空的空间站等代表着科技进步方向的装备，都离不开碳纤维的助力。

　　将来的碳纤维一定会更"强"、更轻、更便宜、更好用……

　　让我们一起期待，一起努力吧！

和我一起去太空！

信息卷 ▶

　　人工智能、无人驾驶、元宇宙、量子传输、5G 技术、大数据、芯片、超级计算机……这些搅动风云的热门词汇背后，都有哪些科学原理？中国科学家怎样打破科技封锁的"玻璃房子"，一次次问鼎全球科技高峰？快跟随中国工程院院士孙凝晖遨游信息科技世界，读在当下，赢在未来！

医药卫生卷 ▶

　　近视会导致失明吗？你能发现身边的"隐形杀手"吗？造福世界的中国小草究竟是什么？是谁让青霉素从天价变成了白菜价？……中国科学院院士高福带你全方位了解医药卫生领域的基础知识、我国的科研成就，以及一位位科学家舍身忘我的感人故事。

化工卷 ▶

　　什么样的细丝能做"天梯"？什么样的药水能点"石"成"金"？什么样的口罩能防病毒？什么东西能吃能穿还能盖房子？……中国工程院院士金涌带你走进奇妙的化工王国，揭秘不可思议的化工现象，重温那些感人的科学家故事。

农业卷 ▶

　　"东方魔稻"是什么稻？怎样让米饭更好吃？茄子可以长在树上吗？未来能坐在家里种田吗？……中国工程院院士傅廷栋带你走进农业科学的大门，了解我国农业的重大创新与突破，体会中国科学家的智慧和精神，发现农田里那些令人赞叹的"科学魔法"。

林草卷 ▶

　　谁是林草界的"小矮人"？植物有"眼睛"吗？植物怎样"生宝宝"？为什么很多树要"系腰带"？果实为什么有酸有甜？……中国科学院院士匡廷云用启发的方式，带你发现植物的 17 个秘密，展示中国的林草科技亮点，讲述其背后的科研故事，给你向阳而生的知识和力量！

矿产卷 ▶

铅笔是用铅做的吗？石头也会开花吗？为什么"真金不怕火炼"？粮食的"粮食"是什么？什么金属能入手即化？……中国工程院院士毛景文带你开启矿产世界的"寻宝之旅"，讲述千奇百怪的矿产知识、我国在矿产方面取得的闪亮成就，以及一个个寻矿探宝的传奇故事。

交通运输卷 ▶

港珠澳大桥怎样做到"海底穿针"？高铁怎么做到又快又稳？青藏铁路为什么令世界震惊？假如交通工具开运动会，谁会是冠军？……中国工程院院士邓文中为你架构交通运输知识体系，揭秘中国的路为什么这么牛，讲述"中国速度"背后难忘的故事。

石油、天然气卷 ▶

你知道泡泡糖里有石油吗？石油和天然气的"豪宅"在哪里？能源界的"黄金"是什么？石油会被用完吗？我国从"贫油国"到世界石油石化大国，经历了哪些磨难？……中国科学院院士金之钧带你全面了解石油、天然气领域的相关知识，揭开"能源之王"的神秘面纱。

气象卷 ▶

诸葛亮"借东风"是法术还是科学？能吹伤孙悟空火眼金睛的沙尘暴是什么？人类真的可以呼风唤雨吗？地球以外，哪里的气候适合人类居住？……中国科学院院士王会军带你透过千变万化的气候现象，洞察其背后的科学知识，了解不得不说的科考故事，感受气象科学的魅力。

环境卷 ▶

什么样的土壤里会种出有毒的大米？地球"发烧"了怎么办？怎样把"水泥森林"变成花园城市？绿水青山为什么是金山银山？……中国科学院院士朱永官带你从日常生活出发，探寻地球环境的奥秘，了解中国科学家在解决全球性环境问题方面所作出的巨大贡献。

电力卷 ▶

电从哪里来？什么东西能发电？电怎样"存银行"？……中国工程院院士刘吉臻带你系统性学习电力相关的科学知识，揭秘身边的科学，解锁电力的奥秘，揭示中国电力的发展历史及取得的辉煌成就，了解科学家攻坚克难的故事，学习他们勇于探索的精神。

航天卷 ▶

人造卫星怎样飞上太空？航天员在太空怎么上厕所？从月球上采集的土壤怎样运回地球？从地球去往火星的"班车"，为什么错过就要等两年？……中国工程院院士栾恩杰带你了解航天领域的科学知识，揭开"北斗"指路、"嫦娥"探月、"天问"探火等的神秘面纱。

航空卷 ▶

飞机为什么会飞？飞机飞行时没油了怎么办？飞机看得远，是长了千里眼吗？……本书由张彦仲、房建成、向锦武三位院士共同主笔，选取了17个航空领域的主题，通过生动的插图和翔实的"小贴士"，展现了我国航空领域强大的自主创新能力和科学家精神。

（待出版）

水利卷 ▶

水怎么才能穿越沙漠？水也会孙悟空的七十二变吗？黄河水是怎么变黄的？建造三峡大坝时是怎么截断长江水的？水电行业的"珠穆朗玛峰"在哪里？我国在水利方面有哪些世界第一？中国工程院院士王浩为你展示神奇又壮观的水利世界，激发小读者对浩荡水世界的浓厚热情。

（待出版）

（待出版）

建筑卷 ▶

我们的祖先最早只住在山洞里吗？你知道故宫有多牛吗？各地的房子为什么长得不一样？我们能用机器人盖房子吗？火星上能建房子吗？未来的房子会是什么样子呢？……中国工程院院士刘加平带领大家探索各种建筑的秘密，希望你们长大后加入建设美好家园的队伍。